Marcos García Juárez
Oscar González Flores

La leptina en la regulación de la lordosis de la rata hembra

Marcos García Juárez
Oscar González Flores

La leptina en la regulación de la lordosis de la rata hembra

Vías de señalización involucradas en la regulación de la conducta de lordosis de la rata hembra, inducida por leptina

PUBLICIA

Imprint
Any brand names and product names mentioned in this book are subject to trademark, brand or patent protection and are trademarks or registered trademarks of their respective holders. The use of brand names, product names, common names, trade names, product descriptions etc. even without a particular marking in this work is in no way to be construed to mean that such names may be regarded as unrestricted in respect of trademark and brand protection legislation and could thus be used by anyone.

Cover image: www.ingimage.com

Publisher:
PUBLICIA
is a trademark of
International Book Market Service Ltd., member of OmniScriptum Publishing Group
17 Meldrum Street, Beau Bassin 71504, Mauritius
Printed at: see last page
ISBN: 978-3-8416-8113-3

Zugl. / Aprobado por: Puebla, Benemerita Universidad Autónoma de Puebla, Tesis Doctoral, 2013

Esta tesis fue realizada bajo la tutoría y dirección del Dr. Oscar González Flores y del Dr. José Ramón Eguibar Cuenca. El trabajo experimental se desarrolló en las instalaciones del Centro de Investigación en Reproducción Animal (CINVESTAV-Universidad Autónoma de Tlaxcala), ubicado en Panotla, Tlaxcala.

La realización de esta tesis fue posible gracias a los apoyos financieros del Consejo Nacional de Ciencia y Tecnología (CONACyT), con beca de doctorado No. 221584, al financiamiento del CONACyT del Dr. Oscar González-Flores No. CB-2009-C01-134291 y al financiamiento del PROMEP No. 103.5/09/1294 del Dr. Oscar González-Flores.

Debo agradecer de manera muy particular a la Dra. Amira del Rayo Flores Urbina, directora del Instituto de Fisiología, BUAP y al Dr. Alejandro Moyaho Martínez, coordinador del posgrado del mismo instituto, por todo el apoyo que recibí durante mi formación doctoral.

"If a task is once begun,
never leave it 'till it's done.
Be your labor great or small,
do it well or not at all"

Ellen Griffith

"Quien tiene un buen por qué,
tolera cualquier cómo..."

Friedrich W. Nietzsche

AGRADECIMIENTOS

Al Dr. Oscar González Flores, por todas las facilidades y el apoyo proporcionado para la realización de este trabajo; además por todo su apoyo a lo largo de los últimos quince años de mi vida, en que he sido su estudiante. Decir gracias sólo es una forma de expresar mi gratitud por todo su apoyo y compromiso para mi formación profesional.

Al Dr. José Ramón Eguibar Cuenca, por todo su apoyo e interés para que esta etapa de mi formación profesional fuera realmente provechosa.

A los sinodales:

Dra. Martha Romano

Dr. Pablo Pacheco Cabrera

Dr. Eduardo Monjaraz Guzmán

Dr. Gonzalo Flores Álvarez

Por sus valiosas sugerencias para el enriquecimiento de este trabajo.

Al Dr. Carlos Beyer, por todo su apoyo e interés en mi formación profesional.

Al Dr. Francisco Javier Lima Hernández, a quien agradezco infinitamente sus consejos, así como su valiosa amistad. Todo mi aprecio para usted.

A Lupita Domínguez, porque siempre me anima y motiva para no claudicar, aunque sabe que no siempre hago bien las cosas.

Al Dr. Porfirio Gómora. Quien siempre me ha apoyado de manera desinteresada, gracias.

A mis compañeros del Centro de Investigación en Reproducción Animal, laboratorio Panotla: Raymundo Domínguez, José Luis Encarnación, Yadira Galicia, Lupita Rodríguez, gracias por su amistad.

A mis compañeros del laboratorio de Neurofisiología de la conducta del Instituto de Fisiología, con quien compartí momentos memorables, de manera muy particular a la Dra. Ma. del Carmen Cortes, Carlos Uribe, Araceli, Manuel y Francisco. A todos infinitas gracias por su amistad y apoyo a lo largo de mi paso por su laboratorio.

A mis amigos de siempre Misael Sastré, Margarito Cruz y María Elena Gracia, gracias por su amistad.

A mi amigo José Luís Tlachi. Gracias por todo tu apoyo y amistad durante esta etapa de nuestras vidas, la cual ha estado llena de altibajos tanto académicos como personales.

DEDICATORIAS

A **Dios**, de quien sólo he recibido bendiciones y nunca me ha abandonado, a pesar de que muchas veces no soy capaz de recordar su infinita bondad y amor.

A mis padres **Estela** y **Víctor**, quienes siempre se han sentido orgullosos no sólo de mi sino también de todos sus hijos a pesar de todas nuestras imperfecciones y defectos. Sufren cada vez que alguno de nosotros sufre y son felices con el sólo hecho de saber que estamos bien. Su ejemplo siempre me impulsa a seguir adelante. Sin su apoyo no lo habría logrado. Ustedes han sido y serán una de las razones más importantes para seguir en la lucha por vivir. Con todo mi amor y mi respeto para ustedes.

A mis hermanos, **Ángeles, Cirilo, Miguel, Pedro y Serafin**. Sólo quiero agradecerles el hecho de ser mis hermanos. Sé que he fallado muchas veces y a pesar de ello me apoyan y me quieren. Gracias por todo, los admiro, los quiero y los respeto.

A mi cuñado **Gabriel**, con quien a pesar de no compartir un lazo de sangre, existe una relación familiar como la de un hermano.

A mis inigualables **sobrinos**, todos son muy valiosos para mí. Mi vida no sería la misma sin ustedes.

A mi esposa **María Antonieta**. Gracias por llegar a mi vida y aceptar el reto de compartir tu vida conmigo. Gracias por todo tu amor y tu apoyo.

ÍNDICE

Página

ABREVIATURAS 1

ÍNDICE DE FIGURAS 5

ÍNDICE DE TABLAS 8

1. RESUMEN 9

2. INTRODUCCIÓN 11

2.1. CONDUCTA ESTRAL EN ROEDORES 11

2.1.1. Atractividad 11
2.1.2. Proceptividad 11
2.1.3. Receptividad 12

2.2. EL CICLO ESTRAL EN ROEDORES 13

2.3. REGULACIÓN NEUROENDÓCRINA DE LA CONDUCTA ESTRAL EN ROEDORES 14

2.3.1. Regulación hormonal de la conducta estral en la rata 14
2.3.2. Regulación neuroanatómica de la conducta estral en roedores 17
2.3.3. Regulación neuroquímica de la conducta estral en roedores 20
2.3.4. El receptor de la progesterona y su participación en la expresión de la conducta estral en roedores 22

2.4. LA LEPTINA 26

2.4.1. Descubrimiento de la leptina 26
2.4.2. Características de la leptina 28
2.4.3. Receptores de la leptina 29
2.4.4. La expresión de la leptina 32
2.4.5. Fisiología de la leptina 33

2.4.6. La leptina en la reproducción 34
2.4.7. Vías neurales sensibles a la leptina 36
2.4.8. Vías hipotalámicas asociadas a los efectos de la leptina 37
2.4.9. Vías del tallo cerebral asociadas a los efectos de la leptina 38

2.5. FOSFORILACIÓN DE PROTEÍNAS 39

2.5.1. Proteínas cinasas 42
2.5.2. Proteínas fosfatasas 42
2.5.3. Fosfoproteínas 43
2.5.4. Proteína cinasa JAK2 43
2.5.5. Proteína cinasa Src 46
2.5.6. Proteína cinasa A 48
2.5.7. Proteína cinasa C 50
2.5.8. Proteína cinasa MAPK 51
2.5.9. El óxido nítrico como mensajero intracelular 52

2.6. MECANISMOS DE ACCIÓN HORMONAL QUE REGULAN LA EXPRESIÓN DE LA CONDUCTA ESTRAL EN ROEDORES 55

2.6.1. Mecanismo genómico 55
2.6.2. Mecanismo membranal 57
2.6.3. La comunicación cruzada modula la expresión de la conducta estral 59

2.7. VÍAS DE SEÑALIZACIÓN ASOCIADAS CON LA EXPRESIÓN DE LA CONDUCTA ESTRAL EN ROEDORES 61

2.7.1. Proteínas cinasas involucradas en la expresión de la conducta estral en roedores 61
2.7.2. La vía del óxido nítrico regula la expresión de la conducta estral en roedores 62
2.7.3. Vías de señalización reguladas por la leptina 65

3. HIPÓTESIS 69

4. OBJETIVOS 70

4.1. OBJETIVO GENERAL 70

4.2. OBJETIVOS ESPECÍFICOS 70

5. MATERIALES Y MÉTODOS 71

5.1. CARACTERÍSTICAS DE LOS ANIMALES 71

5.2. CIRUGÍAS 71

5.3. FÁRMACOS 71

5.4. EVALUACIÓN DE LA CONDUCTA ESTRAL 72

5.5. COMPROBACIÓN DEL ÁREA DE IMPLANTE 72

5.6. PROCEDIMIENTO EXPERIMENTAL 73

5.6.1. Experimento 1. Efecto de la administración de 1 y 3 μg de leptina por vía intracerebroventricular, en la expresión de la conducta de lordosis inducida por la leptina en la rata 73

5.6.2. Experimento 2. Efecto de la administración de L-NAME, ODQ y KT5823, inhibidores de la vía del óxido nítrico, en la expresión de la conducta de lordosis inducida por la leptina en la rata 73

5.6.3. Experimento 3. Efecto de la administración del AG490, inhibidor de la proteína cinasa JAK2, en la expresión de la conducta de lordosis inducida por la leptina en la rata 74

5.6.4. Experimento 4. Efecto de la administración de PP2, inhibidor de la proteína cinasa Src, en la expresión de la conducta de lordosis inducida por la leptina en la rata 74

5.6.5. Experimento 5. Efecto de la administración de RpcAMPS y bisindolilmaleimida, inhibidores de las proteínas cinasas A y C, respectivamente, en la expresión de la conducta de lordosis inducida por la leptina en la rata 74

5.6.6. Experimento 6. Efecto de la administración del PD98059, inhibidor de la proteína cinasa MAPK, en la expresión de la conducta de lordosis inducida por la leptina en la rata 74

5.7. ANÁLISIS ESTADÍSTICO 75

6. RESULTADOS 76

6.1. EXPERIMENTO 1. EFECTO DE LA ADMINISTRACIÓN DE 1 Y 3 μg DE LEPTINA POR VÍA INTRACEREBROVENTRICULAR, EN LA EXPRESIÓN DE LA CONDUCTA DE LORDOSIS INDUCIDA POR LA

LEPTINA EN LA RATA 76

6.2. EXPERIMENTO 2. EFECTO DE LA ADMINISTRACIÓN DE L-NAME, ODQ Y KT5823, INHIBIDORES DE LA VÍA DEL ÓXIDO NÍTRICO, EN LA EXPRESIÓN DE LA CONDUCTA DE LORDOSIS INDUCIDA POR LA LEPTINA EN LA RATA 80

6.3 EXPERIMENTO 3. EFECTO DE LA ADMINISTRACIÓN DEL AG490, INHIBIDOR DE LA PROTEÍNA CINASA JAK2, EN LA EXPRESIÓN DE LA CONDUCTA DE LORDOSIS INDUCIDA POR LA LEPTINA EN LA RATA 86

6.4 EXPERIMENTO 4. EFECTO DE LA ADMINISTRACIÓN DE PP2, INHIBIDOR DE LA PROTEÍNA CINASA SRC, EN LA EXPRESIÓN DE LA CONDUCTA DE LORDOSIS INDUCIDA POR LA LEPTINA EN LA RATA 88

6.5. EXPERIMENTO 5. EFECTO DE LA ADMINISTRACIÓN DE RpcAMPS Y BISINDOLILMALEIMIDA, INHIBIDORES DE LAS PROTEÍNAS CINASAS A Y C, RESPECTIVAMENTE, EN LA EXPRESIÓN DE LA CONDUCTA DE LORDOSIS INDUCIDA POR LA LEPTINA EN LA RATA 90

6.6. EXPERIMENTO 6. EFECTO DE LA ADMINISTRACIÓN DEL PD98059, INHIBIDOR DE LA PROTEÍNA CINASA MAPK, EN LA EXPRESIÓN DE LA CONDUCTA DE LORDOSIS INDUCIDA POR LA LEPTINA EN LA RATA 94

7. DISCUSIÓN 96

8. CONCLUSIONES 110

9. REFERENCIAS 111

10. ANEXO 144

10.1. ARTÍCULOS PUBLICADOS 144

ABREVIATURAS

ABREVIATURA	SIGNIFICADO
α-MSH	Hormona estimulante de los melanocitos α
5HT1	Receptor a serotonina tipo 1
5HT2	Receptor a serotonina tipo 2
AC	Adenilato ciclasa
ADN	Ácido desoxirribonucleico
ADP	Adenosina difosfato
AF1	Región de interacción con la maquinaria transcripcional 1
AF2	Región de interacción con la maquinaria transcripcional 2
AF3	Región de interacción con la maquinaria transcripcional 3
AG490	2-ciano -3- (3,4-dihidroxifenil) -N- (benzil) -2- propenamida, 2-ciano -3- (3,4-dihidroxifenil) -N-(fenilmetil) -2-propenamida; inhibidor de la proteína cinasa JAK2
AgRP	Proteína relacionada con el gen aguti
AMPc	Adenosina monofosfato cíclico
APOm	Área preóptica media
Arc	Núcleo arqueado
ARNm	Ácido ribonucleico mensajero
ADP	Adenosina difosfato
ATP	Adenosina trifosfato
B	Región de bisagra del receptor de la progesterona
C	Subunidad catalítica de la cinasa
Ca^{2+}	Calcio
CART	Transcrito regulado por cocaína y anfetamina
CDK	Cinasa dependiente de ciclinas
c-Jun	Proteína cinasa que al combinarse con c-Fos conforma el factor de transcripción AP-1 o proteína activadora 1
COOH	Región carboxilo
CRH	Hormona liberadora de corticotropinas
D2	Receptor de dopamina tipo 2
db	Gen que codifica para el receptor de la leptina

db/db	Organismo homocigótico para la mutación puntual del gen db
DHRC	Dominio homólogo del receptor de citocinas
DMH	Núcleo dorsomedial del hipotálamo
DUA	Dominio de unión al ácido desoxirribonucleico mensajero
DUH	Dominio de unión a la hormona
DG	Diacil glicerol
DMSO	Dimetil sulfóxido
eNOS	NOS endotelial
E-R	Complejo formado por el estrógeno y su receptor
ERK	Proteína cinasa regulada por señales extracelulares
fa/fa	Ratas homocigóticas con mutación puntual del gen db en la posición 269
fa^k/fa^k	Ratas homocigóticas con mutación puntual del gen db en la posición 763
FERM	Región de unión al receptor ObRb
FL	Fosfolipasa
GC	Guanilato ciclasa
GCs	Guanilato ciclasa soluble
Ge	Proteína G estimuladora
GHRH	Hormona liberadora de la hormona de crecimiento
GLP-1	Péptido 1 semejante al glucagón
GMPc	Guanosina monofosfato cíclico
GnRH	Hormona liberadora de gonadotropinas
GTP	Guanosina trifosfato
Grb-2	Proteína de unión a factores de crecimiento 2; proteína adaptadora
HAM	Área hipotalámica medial
HCM	Hormona concentradora de melanina
HL	Hormona luteinizante
hRPA	Receptor de la progesterona humano A
hRPB	Receptor de la progesterona humano B
HSP	Proteínas de choque térmico
VMH	Hipotálamo ventromedial
iNOS	NOS inducible
IP_3	Trifosfato de inositol
JAK	Proteína cinasa janus
JAK2	Proteína cinasa janus 2

JH	Dominio homólogo de la proteína cinasa JAK
kDa	Kilodalton
KT5823	(9S,10R,12R)-2,3,9,10,11,12- hexahidro- 10-metoxi- 2,9-dimetil- 1-oxo- 9,12- epoxi- 1H-di indolo [1,2,3-fg:3',2',1'-kl] pirrol [3,4-i] [1,6] benzodiazocina-10- ácido carboxílico, metil ester; inhibidor de la proteína cinasa G
LC	Locus coeruleus
L-NAME	NG-nitro-L-arginina metil ester clorhidrato; inhibidor de la NOS
MAPK	Proteína cinasa activada por mitógeno
MCH	Hormona concentradora de melanina
MKKKS	Proteína cinasa cinasa MAPK
MKKS	Proteína cinasa MAPK
NA	Noradrenalina
$NADPH^+$	Nicotinamida adenina dinucleótido fosfato reducido
nGNRH	Neuronas liberadoras de GnRH
NH2	Región amino
NIPP1	Inhibidor nuclear de la proteína fosfatasa 1
NMDA	N-metil D-aspartato
nNE	Neuronas liberadoras de norepinefrina
nNOS	NOS neuronal
NOS	Sintasa del óxido nítrico
NPY	Neuropéptido Y
NTS	Núcleo del tracto solitario
O_2	Oxígeno
Ob	Gen que codifica para la leptina
ob/ob	Organismo homocigótico para la mutación puntual del gen ob
ObR	Receptor de la leptina, producto del gen db
ObRa	Isoforma A del receptor de la leptina
ObRb	Isoforma B del receptor de la leptina
ObRc	Isoforma C del receptor de la leptina
ObRd	Isoforma D del receptor de la leptina
ObRe	Isoforma E del receptor de la leptina
ObRf	Isoforma F del receptor de la leptina
ObRs	Receptores de leptina
ODQ	1H-[1,2,4] oxadiazolo [4,3-a] quinoxalin-1-ona; inhibidor de la guanilato ciclasa soluble

ON	Óxido nítrico
ORX	Orexina
OT	Oxitocina
PD98059	2- (2-amino-3-metoxifenil) -4H-1- benzopirano -4-ona; inhibidor de la proteína cinasa MAPK
P	Progesterona
PGE_2	Prostaglandina E_2
PIP2	Fosfatidil inositol bifosfato
PO4	Aminoácido fosforilado
POMC	Pro-opiomelanocortina
PP2	4-amino-5-(4-clorofenil) -7- (t-butil) pirazolo [3,4-d] pirimidina; inhibidor de la proteína cinasa Src
Proteína G	Proteína dependiente de GTP para su activación
PVH	Núcleo paraventricular
R	Subunidad reguladora de la cinasa
R5020	Progestina sintética
RAF	Proteína cinasa de la vía MAPK
Re	Receptor acoplado a proteína G de tipo estimulador
RPA	Receptor de la progesterona A
RPB	Receptor de la progesterona B
RpcAMPS	(R)-adenosina, cíclico 3',5'- (hidrógeno fosforotioato) trietilamonio; inhibidor de la proteína cinasa A
RP-PO4	Receptor de la progesterona fosforilado
RU486	Mifepristone; Inhibidor del receptor a progesterona
S	Constante de sedimentación
SGC	Sustancia gris central
SH2	Dominio homólogo 2 de la cinasa Src
SH3	Dominio homólogo 3 de la cinasa Src
SHP2	Tirosina fosfatasa 2
Src	Proteína cinasa Src
STAT	Traductor de señales y activador de la transcripción
TRH	Hormona liberadora de tirotropina
TYK2	Tirosina cinasa 2
ZK98299	Inhibidor del receptor de la progesterona

ÍNDICE DE FIGURAS

Página

Figura 1	*Intensidad de la lordosis que despliega la hembra en respuesta a la monta ejecutada por el macho*	12
Figura 2	*Patrón de secreción hormonal durante el ciclo estral de la rata*	14
Figura 3	*Circuito neural para la activación de la conducta de lordosis*	19
Figura 4	*Esquema de las isoformas del receptor para la progesterona*	23
Figura 5	*Sitios de fosforilación en el receptor humano para la progesterona*	24
Figura 6	*Biosíntesis de la leptina*	29
Figura 7	*Estructura de las isoformas del receptor para la leptina*	31
Figura 8	*Organización de las vías centrales para la integración de las poblaciones neuronales activadas por la leptina*	38
Figura 9	*Eventos que conducen a la fosforilación de proteínas*	40
Figura 10	*Ciclo de activación de las proteínas por fosforilación y de inactivación por defosforilación*	41
Figura 11	*Estructura de la cinasa JAK2*	44
Figura 12	*Vía cinasa JAK2-STAT*	45
Figura 13	*Activación de la cinasa Src*	47
Figura 14	*Activación de la proteína cinasa A por su ligando*	48
Figura 15	*Vía de señalización de la proteína cinasa A*	49
Figura 16	*Estructura y activación de la proteína cinasa C*	50
Figura 17	*Vía de señalización de la proteína cinasa MAPK*	52
Figura 18	*Biosíntesis de óxido nítrico*	54
Figura 19	*Mecanismo genómico propuesto por Jensen y cols. (1968)*	56

Figura 20	*Mecanismo membranal, propuesto para la regulación de los receptores a esteroides por neurotransmisores*	58
Figura 21	*Modelo de comunicación cruzada entre los mecanismos membranal y genómico propuesto por Beyer y cols. (1980)*	59
Figura 22	*Distribución de neuronas inmunorreactivas para la NOS en cerebro de hámster*	63
Figura 23	*Papel del óxido nítrico en la liberación de hormona luteinizante y la activación de la conducta estral*	65
Figura 24	*Estructura del dominio citoplásmico del receptor ObRb de la leptina y moléculas asociadas a éste dominio*	66
Figura 25	Efecto de la administración de 1 y 3μg de leptina más DMSO sobre el cociente (A) y la intensidad (B) de la lordosis	77
Figura 26	Efecto de la administración de 1 y 3μg de leptina más solución salina sobre el cociente (A) y la intensidad (B) de la lordosis	79
Figura 27	Efecto de la administración del inhibidor de la NOS, L-NAME, sobre el cociente (A) y la intensidad (B) de la lordosis inducidos por 1 y 3μg de leptina	81
Figura 28	Efecto de la administración del inhibidor de la guanilato ciclasa soluble, ODQ, sobre el cociente (A) y la intensidad (B) de la lordosis inducidos por 1 y 3μg de leptina	83
Figura 29	Efecto de la administración del inhibidor de la proteína cinasa G, KT5823, sobre el cociente (A) y la intensidad (B) de la lordosis inducidos por 1 y 3μg de leptina	85
Figura 30	Efecto de la administración del inhibidor de la cinasa JAK2 (AG490), sobre el cociente (A) y la intensidad (B) de la lordosis inducidos por 1 y 3μg de leptina	87
Figura 31	Efecto de la administración del inhibidor de la cinasa Src (PP2), sobre el cociente (A) y la intensidad (B) de la lordosis inducidos por 1 y 3μg de leptina	89
Figura 32	Efecto de la administración del inhibidor de la cinasa A (RpcAMPS), sobre el cociente (A) y la intensidad (B) de la lordosis inducidos por 1 y 3μg de leptina	91
Figura 33	Efecto de la administración del inhibidor de la cinasa C (bisindolilmaleimida), sobre el cociente (A) y la intensidad (B) de la	

lordosis inducidos por 1 y 3μg de leptina 93

Figura 34 Efecto de la administración del inhibidor de la cinasa MAPK, el PD98059, sobre el cociente (A) y la intensidad (B) de la lordosis inducidos por 1 y 3μg de leptina 95

ÍNDICE DE TABLAS

		Página
Tabla 1	*Estructuras cerebrales asociadas con la expresión de la conducta estral en roedores identificadas a través de técnicas de lesión y estimulación eléctrica*	20
Tabla 2	*Estructuras cerebrales asociadas con la expresión de la conducta estral en roedores identificadas a través de implantes con progesterona*	20
Tabla 3	*Moléculas que intervienen en la regulación de la homeostasis energética en el sistema nervioso central*	34
Tabla 4	*Clases de proteínas fosfatasas y sus inhibidores*	43
Tabla 5	*Características de las isoformas de la NOS*	53

1. RESUMEN

En el presente trabajo se muestran los resultados obtenidos al estudiar la participación de diferentes vías de señalización activadas por la leptina, en la regulación de la conducta de lordosis en la rata. Se utilizaron ratas hembra de la cepa Sprague-Dawley, ovariectomizadas e implantadas con una cánula en el ventrículo lateral derecho y pretratadas con benzoato de estradiol 5µg por vía s.c. cuarenta horas antes de los tratamientos experimentales. Se administraron en el ventrículo lateral derecho las dosis de 1 ó 3µg de leptina, en 1 µl de buffer Tris (10 mM, pH = 8). Se utilizaron los inhibidores de la NOS: NG-nitro-L-arginina metil ester clorhidrato (L-NAME); el de la guanilato ciclasa soluble: 1H-[1,2,4] oxadiazolo [4,3-a] quinoxalin-1-ona (ODQ); el de la proteína cinasa G: (9S,10R,12R)-2,3,9,10,11,12- hexahidro- 10-metoxi- 2,9-dimetil- 1-oxo- 9,12- epoxi- 1H-dindolo [1,2,3-fg:3',2',1'-kl] pirrol [3,4-i] [1,6] benzodiazocina-10-ácido carboxílico, metil ester (KT5823); el de la proteína cinasa Janus 2 (JAK2): 2-ciano -3- (3,4-dihidroxifenil) -N- (benzil) -2- propenamida, 2-ciano -3- (3,4-dihidroxifenil) -N- (fenilmetil) -2-propenamida (AG490); el de la cinasa relacionada con el sarcoma de Rous (Src): 4-amino-5-(4-clorofenil) -7- (t-butil) pirazolo [3,4-d] pirimidina (PP2); el de la proteína cinasa A: (R)-adenosina, cíclico 3',5'- (hidrógeno fosforotioato) trietilamonio (RpcAMPS); el de la proteína cinasa C: bisindolilmaleimida y el de la proteína cinasa activada por señales extracelulares, 2- (2-amino-3-metoxifenil) -4H-1- benzopirano -4-ona (PD98059). Todos los compuestos fueron administrados en el ventrículo lateral derecho treinta minutos antes de alguna de las dos dosis de la leptina evaluadas.

La evaluación de la conducta de lordosis se realizó 1, 2 y 4 horas después de la administración de la leptina, en arenas circulares de Plexiglás, en las que se colocaron machos sexualmente expertos, quince minutos antes de comenzar cada prueba para su adaptación.

Los resultados muestran que los inhibidores L-NAME y KT5823, de la vía del óxido nítrico, redujeron de manera significativa la expresión de la conducta de lordosis una y dos horas después de la administración de la leptina, para ambas dosis de leptina y sólo a las cuatro horas para la dosis de 3µg; sin embargo, el ODQ redujo de manera significativa la expresión de la conducta de lordosis inducida por 1μg de leptina a los tres tiempos probados y sólo la inducida por 3μg a la cuarta hora de evaluación.

Con la administración de los inhibidores de la proteína cinasa JAK2 y de la proteína cinasa A, se observó una reducción significativa en la expresión de la conducta de lordosis 1 y 2 horas después de la administración de la leptina, con una inhibición que perduró hasta las 4 horas sólo para la dosis de 3μg del péptido. La administración del inhibidor de la cinasa Src sólo redujo de manera significativa la lordosis inducida por ambas dosis de leptina una hora después de su administración, con una reducción significativa en la conducta a las dos y cuatro horas sólo para la dosis de 3μg. La administración del inhibidor de la proteína cinasa C, sólo inhibió de manera temporal el efecto inductor de la leptina sobre la conducta de lordosis, ya que el efecto del inhibidor sólo se observó a la primera hora para ambas dosis de leptina y a las dos horas para la dosis de 3μg. Finalmente, el PD98059, inhibidor de la proteína cinasa activada por señales extracelulares, fue el compuesto más efectivo en inhibir la expresión de la conducta de lordosis inducida por la administración central de la leptina, ya que su efecto perduró a lo largo de los tres tiempos en que se evaluó la conducta.

Con estos resultados podemos concluir que la leptina utiliza diversas vías de señalización para inducir la conducta de lordosis, por lo que su papel a nivel cerebral es muy complejo debido a la interacción y la convergencia entre diferentes vías de señalización intracelular y de las moléculas implicadas en las vías, las cuales podrían actuar como mecanismos reforzadores para alcanzar la integración neuroendócrina requerida para la expresión de la conducta de sexual en roedores.

Es importante destacar que estos hallazgos fueron descritos en ratas alimentadas *ad libitum,* lo que sugiere que las señales periféricas desde el tejido adiposo son estables y por ende sus receptores cerebrales, lo que muestra que la leptina a nivel central es una señal adicional para la integración de los procesos reproductivos, de tal manera que la leptina es un mediador entre el balance energético y la integración neuroendocrina necesaria para la reproducción.

2. INTRODUCCIÓN

2.1. CONDUCTA ESTRAL EN ROEDORES

La conducta sexual femenina o conducta estral en los roedores ha sido definida como el conjunto de patrones motores que realiza la hembra para copular con un macho (Beach, 1942). Durante la etapa de mayor receptividad sexual presenta patrones motores, somáticos y sensoriales específicos, que le permiten al macho identificar dicho estado fisiológico, estimulándolo para copular con ella.

Beach (1976) describió tres aspectos característicos que presenta la hembra receptiva: atractividad, proceptividad y receptividad.

2.1.1. Atractividad

La atractividad consiste en cambios morfológicos y fisiológicos, como el cambio en la coloración del área genital y la producción de feromonas, que le permiten al macho identificar el estado sexual de la hembra (Beach, 1976).

2.1.2. Proceptividad

La proceptividad consiste en un conjunto de patrones motores estereotipados que realiza la hembra y que son dirigidos hacia el macho para estimularlo a que realice la cópula. Estas conductas son:

1. *Brincos*, sobre sus cuatro extremidades.
2. *Carreras cortas en forma de "zig zag"*, que terminan abruptamente en una postura de inmovilidad y con la elevación de la grupa.
3. *Orejeo*, producido por el movimiento de alta frecuencia de la cabeza en el plano horizontal.
4. *Conducta afiliativa*: consiste en establecer y mantener la proximidad con el macho.
5. *Conducta de solicitud*: consiste en que la hembra presenta su área perineal al macho, la cual normalmente presenta cambios en la coloración, turgencia o producción de feromonas.
6. *Conducta de acercamiento y retirada*: consiste en secuencias alternadas de aproximación y retirada de la hembra hacia el macho.

7. *Establecimiento de contacto físico*: consiste en el establecimiento de contacto nasal u oral con el área genital del macho.
8. *Conducta de monta*: consiste en la monta por parte de la hembra hacia el macho.

Sin embargo, las conductas más utilizadas para determinar que una hembra es proceptiva son los brincos, las carreras cortas y el orejeo.

2.1.3. Receptividad

Este aspecto conductual es el más representativo de las hembras en estro y es evidente por la adopción de la postura de lordosis, que se presenta cuando el macho monta a la hembra. Dicha postura consiste en la flexión de la región dorsolumbar de la columna vertebral, acompañada de la elevación de la región anogenital y seguida por un movimiento lateral de la cola (Komisaruk y Diakow, 1973), lo que permite la intromisión del pene (Beach, 1976; Moralí y Beyer, 1979).

Hardy y DeBold (1972) propusieron una escala nominal para evaluar la intensidad de la lordosis, que va de cero a tres, dependiendo de la intensidad de la flexión de la columna vertebral (Figura 1).

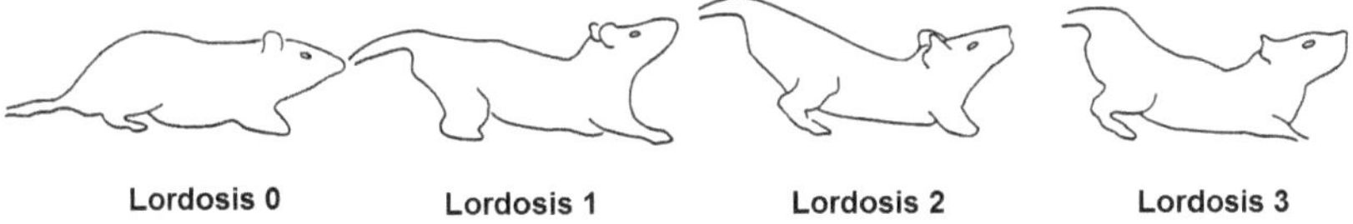

Figura 1. Intensidad de la lordosis que despliega la hembra en respuesta a la monta ejecutada por el macho. *Note que la intensidad de la lordosis se determina en función del grado de flexión del dorso de la hembra en sentido ventral. Modificada de Pfaff (1980).*

Cabe señalar que en los minutos previos y finales con respecto al de mayor receptividad, las hembras pueden mostrar algunas conductas de rechazo dirigidas hacia el macho, como vueltas, boxeo, patadas, vocalizaciones o huidas (Uphouse *y cols.*, 1993).

2.2. EL CICLO ESTRAL EN ROEDORES

Heape (1900) utilizó el término "estro" para describir el periodo de receptividad sexual en la hembra y distinguirlo del "celo" en el macho; además, describió distintos estados del ciclo estral en las hembras de los mamíferos. Utilizó el término anestro para describir el periodo de reposo en que los órganos reproductivos accesorios están inactivos. Designó los prefijos pro-, di-, y met- con el sufijo estro para describir los diferentes periodos que ocurren a lo largo del ciclo estral.

El ciclo estral varía en cada especie de acuerdo con el tiempo en que ocurre la ovulación (McDonald, 1977). Por esta razón, las hembras de las diferentes especies se han clasificado en ovuladoras de dos tipos:

1. *Ovuladoras espontáneas.* En esta categoría se agrupan las hembras que presentan un pico de hormona luteinizante, como consecuencia de una serie de eventos hormonales cíclicos durante el ciclo estral o menstrual, que induce la ovulación de manera cíclica. Los ciclos de estas hembras son cortos, de 4 a 5 días en los roedores, aunque también hay ciclos largos, de 16 días en la hembra del cuyo y de 28 días en primates.
2. *Ovuladoras reflejas.* En este grupo de hembras, la estimulación física del cuello uterino desencadena señales neurohormonales que inducen una secreción rápida de hormona luteinizante, lo que conduce a la ovulación. Este tipo de ovulación es característico de conejas, gatas y las hembras de los hurones. Después de la monta se genera un cuerpo lúteo funcional y por ende el estro desaparece. En ésta categoría se incluye a las hembras que ovulan de manera estacional como las ovejas y las cabras.

Cabe señalar que en el caso particular de la rata, la ovulación esta relacionada con el ritmo de luz y obscuridad, por lo que bajo condiciones naturales de luz, la ovulación ocurre durante la noche, usualmente entre la media noche y las cuatro de la mañana (Everett, 1948). La receptividad sexual (primeros signos de lordosis) asociada a la ovulación comienza entre las cuatro y las diez p.m. (Young *y cols.*, 1941). Sin embargo, se ha observado que bajo condiciones de iluminación artificial la ovulación ocurre en un tiempo aproximado a cuatro horas antes de que la luz se encienda (Austin y Braden, 1954).

2.3. REGULACIÓN NEUROENDÓCRINA DE LA CONDUCTA ESTRAL EN ROEDORES

2.3.1. Regulación hormonal de la conducta estral en la rata

Durante el estro, la tasa de secreción del estradiol por las células de la teca es baja, comienza a incrementarse durante la tarde del metaestro y continua hasta la mañana del diestro, alcanzando concentraciones máximas en la tarde del proestro (Butcher *y cols.*, 1974). Además del estradiol, el ovario de la rata secreta progesterona; de la cual se ha observado un incremento en la concentración plasmática durante la tarde y la noche del proestro (Smith *y cols.*, 1975). Esta secreción es de origen folicular y ocurre casi de manera simultánea al incremento en la secreción de hormona luteinizante de origen hipofisiario, lo que provoca la ovulación (Figura 2).

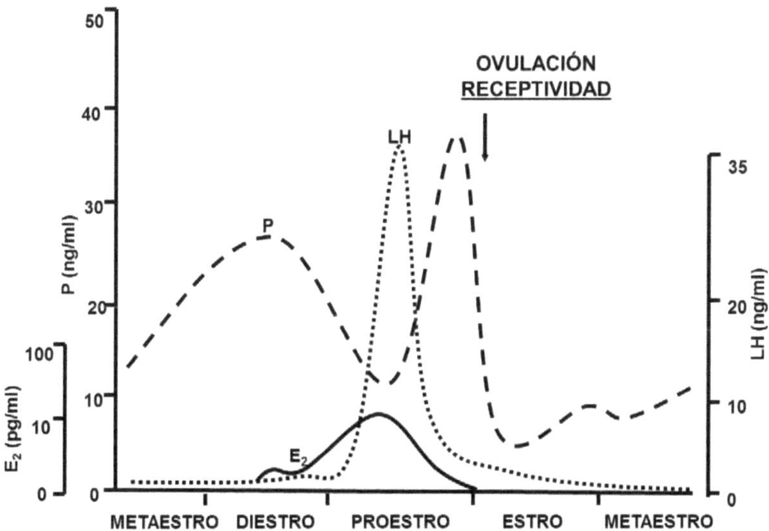

Figura 2. Patrón de secreción hormonal durante el ciclo estral de la rata. *Note que la receptividad sexual comienza hacia el final del proestro y continúa durante la etapa del estro. La ovulación ocurre en las primeras horas del estro que coincide con el peirodo de la receptividad. Modificado de Butcher y cols., (1974).*

Se ha determinado un segundo incremento en la concentración de progesterona, la cual es producida por el cuerpo lúteo, formado como consecuencia de la ovulación; tal aumento se observa desde la mitad del metaestro hasta el inicio del diestro (Pfaff, 1980; Freeman, 1994; Blaustein y Erskine, 2002).

A la par de las fluctuaciones en las concentraciones plasmáticas de estradiol y progesterona, se ha determinado que la máxima receptividad sexual se presenta en la rata hacia el final del proestro, ya que la remoción de los ovarios en esta etapa abate la expresión de la conducta estral y la administración de estradiol seguida por la administración de progesterona, en un periodo de 24 a 48 horas, activa la expresión de la conducta sexual (Boling y Blandau, 1939).

Por otra parte, Zemlan y cols., (1977) determinaron que en ratas ovariectomizadas tratadas con dosis crecientes de estradiol, la latencia para responder a la monta del macho se acorta y la duración de la conducta sexual se prolonga conforme se incrementa la dosis. Sin embargo, cuando se administra estrógeno a concentraciones farmacológicas menores a los 5µg, es necesario administrar progesterona para inducir la conducta sexual (Beach, 1942, 1967), ya que con ello se incrementa la intensidad de la lordosis y se expresan las conductas proceptivas, en comparación con los niveles conductuales obtenidos por la sola administración de estrógeno (Moralí y Beyer, 1979). Adicionalmente, cuando se ovariectomiza a la rata hembra en la tarde del proestro, antes del incremento preovulatorio de progesterona, la hembra no despliega la conducta sexual a pesar de haber estado expuesta a niveles máximos de estradiol (Powers, 1970). Sin embargo, si al momento de la ovariectomía se administra progesterona, la hembra despliega la conducta sexual de manera normal (Powers, 1970); éste último resultado se replica cuando se practica la ovariectomía una vez que ha ocurrido el incremento preovulatorio de progesterona (Powers, 1970). Por lo tanto, para que la progesterona induzca la expresión de la conducta sexual, es necesario que las hembras hayan sido expuestas o pretratadas con estrógenos por un período mínimo de tiempo de entre 12 y 18 horas y un máximo de 72 horas; razón por la cual el tiempo óptimo para inducir la expresión de la conducta estral utilizando progestrona es alrededor de las 40 horas, posteriores al pretratamiento con estradiol (Boling y Blandau, 1939).

Por otra parte, Rubin y Barfield (1983) determinaron que la administración de estradiol, y de estradiol más progesterona en el hipotálamo ventromedial, indujeron altos niveles de la conducta estral en ratas ovariectomizadas (Rubin y Barfield, 1980); este resultado coincide con el hecho de que dicha área se encuentra densamente poblada por receptores para ambos esteroides gonadales (Pfaff y Sakuma, 1979; Barfield *y cols.*, 1983; Glaser *y cols.*, 1985; Blaustein y Turcotte, 1989). De esta manera, se demostró que el hipotálamo ventromedial es una de las estructuras neurales en donde se lleva a cabo la interacción entre el estrógeno y la progesterona para la activación de la conducta sexual; por lo que se propuso que el estrógeno actuaba inicialmente induciendo la síntesis de proteínas (como lo es el receptor para la progesterona), mientras que la progesterona sería la hormona responsable de disparar dicha conducta (Beyer *y cols.*, 1980).

En otros experimentos se estudiaron algunos parámetros de la farmacocinética de la acción de la progesterona, como la latencia de aparición de la respuesta conductual en función de la vía de administración, la intensidad de la misma y las áreas del sistema nervioso central que podrían estar involucradas en la mediación de la conducta. Así, la progesterona a dosis de entre 100 a 400 µg (Kubli-Garfias y Whalen, 1977) o sus metabolitos a dosis de entre 0.75 a 200 µg (Beyer *y cols.*, 1995), administrados por vía intravenosa inducen lordosis en el 75% de los animales a los 15 o 30 minutos post-inyección, sin distinción entre los vehículos utilizados. Sin embargo, cuando la progesterona o sus metabolitos se administran por vía subcutánea y son disueltos en aceite, inducen un nivel de conducta de lordosis máximo a las cuatro horas post-administración (Gorzalka y Whalen, 1977), descendiendo la intensidad de la respuesta con el transcurso del tiempo (Glaser *y cols.*, 1985). La administración de progesterona por vía subcutánea se realizó en rangos de dosis de 200 µg hasta 1 mg, mientras que la de sus metabolitos fue de 500 µg, siendo la 5α-dihidroprogesterona el metabolito más efectivo en inducir la expresión de la conducta de lordosis por esta vía, ya que por vía intravenosa no produjo ningún efecto (Whalen *y cols.*, 1985). Sin embargo, las vías de administración más directas son la intracerebral o la administración intraventricular. Kent y Liberman (1949) registraron que se expresaba conducta de lordosis a los 10 minutos posteriores a la inyección de progesterona en aceite en los ventrículos cerebrales laterales, mientras que el grupo de Barfield *y cols.* (1983) logró inducir conducta de lordosis en la rata tras la administración de estrógenos en forma de cristales en el núcleo ventromedial del hipotálamo. Para el caso de la progesterona, la administración de la hormona en forma de cristales en la formación reticular mesencefálica, induce lordosis con una latencia de tan sólo 30 minutos (Luttge y Hughes, 1976), mientras que en el hipotálamo ventromedial induce una respuesta máxima hasta 4 o 5 horas post-administración (Rubin y Barfield, 1983). Finalmente, la administración de progesterona en micro depósitos oleosos en el hipotálamo ventromedial y en el área preóptica media, indujeron conducta de lordosis desde los 30 minutos post-inyección, induciendo la máxima respuesta de lordosis dos horas después de su administración (Beyer *y cols.*, 1989).

Así, las hormonas gonadales regulan la expresión de la conducta sexual en los roedores y la variabilidad en la latencia de los esteroides para inducir la conducta de lordosis se debe principalmente a su biodisponibilidad; ya que los esteroides administrados por vía sistémica son rápidamente metabolizados por el hígado, a través de la acción enzimática que los reducen, oxidan, hidroxilan y/o conjugan, inactivandolos e incrementando su solubilidad en agua, lo que facilita su excreción renal. Por lo tanto, se requerirían altas dosis para alcanzar las concentraciones necesarias y lograr la activación de las áreas cerebrales relacionadas con la activación de la conducta sexual. Sin embargo, el problema de la biodisponibilidad se resolvió cuando las hormonas esteroides fueron administradas directamente en las áreas cerebrales, como el hipotálamo ventromedial y el área preóptica media que estan involucradas en la expresión de la conducta sexual de roedores pretratados con estrógenos (Kent y Liberman, 1949; Beyer *y cols.*, 1988).

2.3.2. Regulación neuroanatómica de la conducta estral en roedores

La expresión de la conducta de lordosis se produce por la integración de las señales sensoriales que la hembra recibe por la monta del macho y las que se originan en el hipotálamo, particularmente en el hipotálamo ventromedial. Pfaff *y cols.*, (1994) describieron un circuito neural que integra ambas señales; éste circuito se activa cuando el macho monta a la hembra y le estimula sus flancos, la base de la cola y el periné. Esos estímulos activan receptores cutáneos de presión, que envían sus señales a la médula espinal; la señal generada en la piel de los flancos entra a la médula espinal a través de los ganglios de la raíz dorsal a los segmentos lumbares 1 y 2, mientras que las señales provenientes de los cuartos traseros, la base de la cola y del periné, lo hacen a través de los segmentos lumbares 5, 6 y sacro 1. Todas las señales provenientes de la periferia convergen en interneuronas sensibles a la presión, ubicadas en la sustancia gris del cuerno dorsal de la región lumbar de la médula espinal. La activación de estas interneuronas debería ser suficiente para la activación del reflejo de lordosis; sin embargo, existe una regulación supraespinal para que el reflejo de lordosis se produzca. Así, las señales que llegan a las interneuronas antes mencionadas, activan fibras ascendentes de la columna anterolateral de la médula espinal, las cuales arriban a la formación reticular del tallo cerebral, al núcleo vestibular lateral y a la sustancia gris central mesencefálica. Cabe señalar que de manera específica el hipotálamo ventromedial, por la acción de los estrógenos y la progesterona, mantiene un estímulo tónico sobre la sustancia gris central mesencefálica, la cual a su vez activa a la formación reticular del tallo cerebral (Pfaff, 1980; Pfaff *y cols.*, 1994).

Las neuronas de la formación reticular del tallo cerebral no sólo reciben señales sensoriales provenientes de la periferia, sino que también reciben señales de la sustancia gris mesencefálica (sitio de relevo de las vías descendentes originadas en el hipotálamo ventromedial). Así, las neuronas de la formación reticular del tallo cerebral integran las señales que provienen tanto de la periferia, a través de la columna anterolateral, como las centrales del hipotálamo ventromedial y envían señales a través de vías descendentes por las neuronas reticuloespinales hacia la médula espinal (Pfaff, 1980). Esta señalización descendente facilita la actividad de las motoneuronas responsables de producir la contracción de los músculos lateral *longissimus* y transverso-espinal lumbar, responsables de producir la dorsiflexión que caracteriza a la lordosis como se ilustra en la Figura 3.

Por otro lado, la aplicación de técnicas de lesión, de estimulación eléctrica o bien el implante de cánulas conteniendo esteroides en diversas áreas cerebrales (DeBold y Malsbury, 1989), muestran que existen estructuras cerebrales relacionadas con la activación o inhibición de la conducta de lordosis en los roedores. Las áreas cerebrales asociadas con la facilitación de dicha conducta son aquellas localizadas tanto en la región diencefálica, hipotálamo ventromedial (Pfaff y Sakuma, 1979), como en el tallo del encéfalo, sustancia gris central (Sakuma y Pfaff, 1979) y la formación reticular mesencefálica (Ross *y cols.*, 1971). Mientras que las estructuras relacionadas con la inhibición de la conducta sexual femenina son las áreas cerebrales que se encuentran más rostrales como son el área preóptica media, el septum y el bulbo olfatorio, así que tanto la estimulación como la lesión de estas áreas causan efectos opuestos a los observados en las áreas hipotalámicas o del cerebro medio como se resume en las tablas 1 y 2.

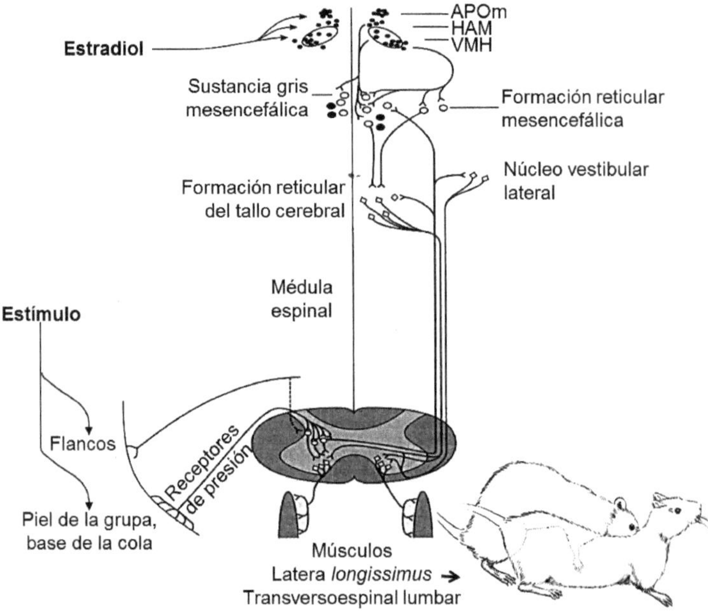

Figura 3. Circuito neural para la activación de la conducta de lordosis. *Se ilustra la necesidad de los estímulos somatosensoriales para la activación de la conducta de lordosis, a través de las vías sensoriales ascendentes hacia el hipotálamo ventromedial, donde el estradiol y la progesterona actúan para facilitar la conducta. Las vías descendentes del hipotálamo van al cerebro medio, de éste hacia la formación reticular del tallo cerebral y de la formación reticular del tallo cerebral a la medula espinal. La estimulación y activación de los centros neurales ocurren por efecto de estímulos sensoriales externos producidos por la monta del macho, así como por los niveles hormonales endógenos que llevan a la contracción de los músculos lateral longissimus y transversoespinal lumbar. APOm, área preóptica media; HAM, área hipotalámica medial; VMH, hipotálamo ventromedial. Modificado de Pfaff y cols., (1994).*

Tabla 1. *Estructuras cerebrales asociadas con la expresión de la conducta estral en roedores identificadas a través de técnicas de lesión y estimulación eléctrica.*

Estructura cerebral	**Tipo de respuesta con:**		**Referencias**
	Lesión	**Estimulación eléctrica**	
Hipotálamo ventromedial	-	+	(Pfaff y Sakuma, 1979)
Hipotálamo anterior	-	+	(Dey *y cols.*, 1942)
Sustancia gris central	-	+	(Sakuma y Pfaff, 1979)
Área preóptica media	+	-	(Malsbury *y cols.*, 1981)
Septum	+	-	(Nance *y cols.*, 1975)
Bulbo olfatorio	+	-	(McGinnis *y cols.*, 1978)

+, Incremento en la respuesta; -, disminución o ausencia de respuesta

Tabla 2. *Estructuras cerebrales asociadas con la expresión de la conducta estral en roedores identificadas a través de implantes de progesterona.*

Estructura cerebral	**Implante de Progesterona**	**Referencias**
Área preóptica media	+	(Beyer y González-Mariscal, 1991)
Área tegmental ventral	+	(DeBold y Malsbury, 1989)
Núcleo arqueado	+	(Rubin y Barfield, 1983)
Hipotálamo ventromedial	+	(Pleim *y cols.*, 1990)
Formación reticular mesencefálica	+	(Ross *y cols.*, 1971)
Núcleo caudado	+	(Yanase y Gorski, 1976)
Habénula	+	(Tennent *y cols.*, 1982)
Amígdala	+	(Franck y Ward, 1981)
Hipocampo	+	(Franck y Ward, 1981)

+, Incremento en la respuesta

2.3.3. Regulación neuroquímica de la conducta estral en roedores

Las hormonas esteroides ejercen su efecto sobre la expresión de la conducta sexual femenina a través de:

1. Alterar la biosíntesis y liberación de neurotransmisores.

2. Provocar la modulación alostérica de receptores membranales.
3. Inducir cambios en la densidad de receptores a neurotransmisores.
4. Interactuar con receptores acoplados a proteínas dependientes de guanosina trifosfato (proteínas G; Nock y Feder, 1981).

Diferentes compuestos tanto derivados de esteroides como de origen no esteroide son capaces de inducir la conducta de lordosis en el modelo de la rata ovariectomizada pretratada con estrógenos (revisado en: Kow *y cols.*, 1994b; Pfaff *y cols.*, 1994; Beyer *y cols.*, 2003; Mani y Portillo, 2010), entre ellos podemos destacar:

1. Metabolitos de la progesterona, como: la 5α-dihidroprogesterona, la 5α,3β-pregnanolona, la 5β,3α-pregnanolona, la 5β,3β-pregnanolona (Rodríguez-Manzo *y cols.*, 1986); la 5α,3α-pregnanolona o la 20α-hidroxiprogesterona (Beyer *y cols.*, 1989; Beyer *y cols.*, 1995; González-Flores y Etgen, 2004).
2. Péptidos y proteínas, como la hormona liberadora de gonadotropinas (GnRH; del inglés gonadotropin-releasing hormone; Moss y Foreman, 1976), la oxitocina (Caldwell *y cols.*, 1986) y la prolactina (Harlan y Pfaff, 1983).
3. Aminas biogénicas como la noradrenalina (González-Flores *y cols.*, 2007).
4. La acetilcolina (Dohanich *y cols.*, 1984).
5. La prostaglandina E_2 (Rodríguez-Sierra y Komisaruk, 1978, 1982),
6. Aminoácidos como el ácido γ aminobutírico (Agmo *y cols.*, 1989) y la glicina (Pfaff *y cols.*, 1994),
7. Nucleótidos cíclicos, como el adenosina monofosfato cíclico (Beyer y Canchola, 1981) y el guanosina monofosfato cíclico (Fernández-Guasti *y cols.*, 1983; Chu *y cols.*, 1999; González-Flores *y cols.*, 2004b).

Además, existen algunos neurotransmisores que dependiendo del tipo de receptor que activen, producirán un efecto diferencial sobre la conducta de lordosis. Por ejemplo, cuando la serotonina actúa sobre su receptor 5HT2 o la dopamina sobre su receptor D1, facilitan la conducta sexual en ratas ovariectomizadas pretratadas con estradiol. Sin embargo, cuando la serotonina y la dopamina actúan en otro subtipo de receptores, 5HT1 y D2, respectivamente, provocan una clara inhibición de la conducta sexual (Kow *y cols.*, 1994b). Adicionalmente, se ha mostrado que el óxido nítrico, un gas clasificado como neurotransmisor, está involucrado en la regulación de la conducta estral inducida por progesterona o por alguno de sus metabolitos (Mani *y cols.*, 1994a; Chu y Etgen,

1997; González-Flores y Etgen, 2004); así como por compuestos no esteroides como la GnRH, la prostaglandina E_2 y el dibutiril adenosin monofosfato cíclico (dibutiril AMPc; González-Flores *y cols.*, 2009).

El hecho de que una gran variedad de agentes estén involucrados en la facilitación de la conducta estral en ratas ovariectomizadas previamente estrogenizadas, no implica que participen normalmente en la producción de esta conducta en la rata durante el ciclo estral normal. Sin embargo, los agentes lordogénicos antes mencionados (GnRH, noradrenalina, oxitocina, prostaglandina E_2, etc.) incrementan su concentración en el hipotálamo, alrededor del tiempo en el cual la concentración de progesterona plasmática se eleva, haciendo que la conducta estral se inicie hacia el final del proestro (Freeman, 1994).

2.3.4. El receptor de la progesterona y su participación en la expresión de la conducta estral en roedores

La progesterona ejerce su efecto sobre sus células blanco a través de unirse a una proteína intracelular, el receptor de la progesterona. Philibert *y cols.* (1977), administraron R5020 (17,21-dimetil-19-nor-2,9-pregnadien-3-20-diona), marcado radioactivamente a células uterinas de conejo y determinaron que el receptor de la progesterona se encuentra de manera más abundante en el citoplasma celular. Por su parte Perrot-Applanat *y cols.* (1986) determinaron en células estromales uterinas que el receptor de la progesterona localizado en el nucleo, se encuentra unido de manera no covalente a la cromatina y que el tratamiento con progesterona, su ligando natural, indujo mayor unión del receptor a la cromatina.

El receptor de la progesterona es un factor de transcripción y pertenece a una familia de proteínas intracelulares que comparten características estructurales entre sí. Esta familia de proteínas incluye a los receptores para los estrógenos, los receptores para los andrógenos, para los glucocorticoides, los de las hormonas tiroideas, así como los receptores para las vitaminas A y D. Las funciones reguladas por esta familia de receptores dependen de la unión con sus ligandos (Kastner *y cols.*, 1990). Al ser factores de transcripción regulan positiva o negativamente la expresión genética, al interactuar con secuencias específicas del ácido desoxirribonucleico (ADN), conocidas como elementos de respuesta al ligando (Beato y Sánchez-Pacheco, 1996).

Se han caracterizado, principalmente, dos isoformas del receptor de la progesterona en diversas especies de mamíferos, el receptor tipo A (RPA) y el receptor tipo B (RPB), de 94 y 114 kDa respectivamente (véase Figura 4; Horwitz y Alexander, 1983). Cabe señalar que los ácidos ribonucleicos mensajeros (ARNm) que se transcriben para la síntesis de las dos proteínas se originan a partir del mismo gen, aunque la transcripción de cada uno ocurre en diferentes sitios promotores (Kastner *y cols.*, 1990). La secuenciación de aminoácidos de ambos receptores ha mostrado que la isoforma B tiene un segmento adicional de 164 aminoácidos en el extremo amino terminal que no se expresa en la isoforma A. Asimismo, se ha identificado una región rica en prolinas en la región amino terminal en ambas isoformas, la cual se ha propuesto le permite la interacción con proteínas que contienen dominios SH3 (del inglés, Src-homology-3; homólogo 3 del sarcoma de Rous; Edwards *y cols.*, 2003).

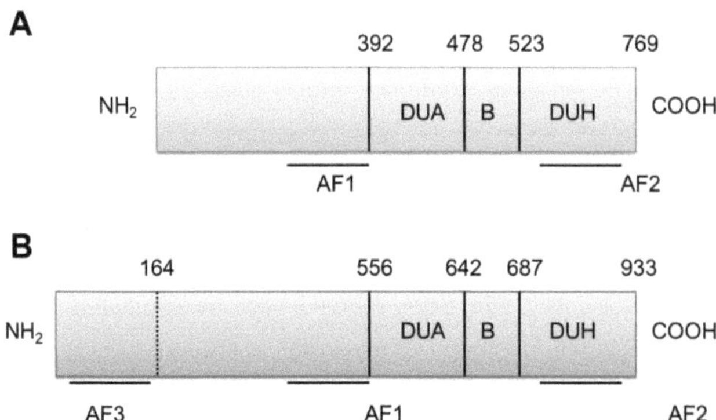

Figura 4. Esquema de las isoformas del receptor para la progesterona. *Se ilustra como la isoforma B del receptor para la progesterona tiene un fragmento adicional de 164 aminoácidos en el extremo amino terminal. Los números corresponden a la cantidad de aminoácidos en cada segmento de las proteínas. DUA, dominio de unión al ADN; B, región de la bisagra; DUH, dominio para la unión de la hormona; AF1-AF3, secuencias que cumplen funciones de activación. Modificado de Schumacher (1999).*

Los receptores para la progesterona muestran las mismas características físico-químicas que el resto de los receptores de la familia de esteroides (Figura 5); es decir, alta afinidad por su ligando (expresada como constante de disociación), saturabilidad (indica un limitado o finito número de sitios de enlace) y especificidad (Beato y Sánchez-Pacheco, 1996).

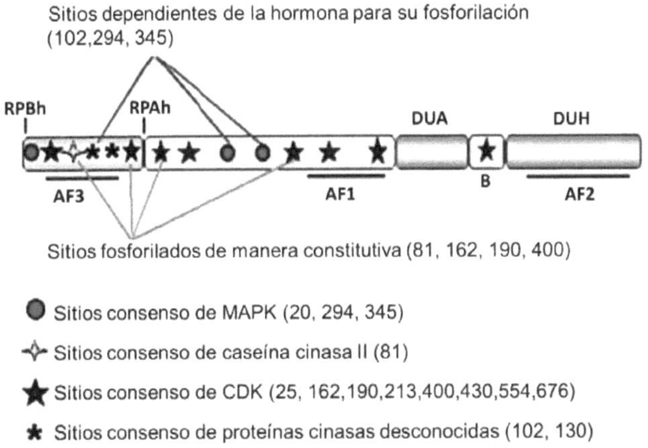

Sitios dependientes de la hormona para su fosforilación (102,294, 345)

RPBh RPAh DUA DUH

AF3 AF1 B AF2

Sitios fosforilados de manera constitutiva (81, 162, 190, 400)

Sitios consenso de MAPK (20, 294, 345)

Sitios consenso de caseína cinasa II (81)

Sitios consenso de CDK (25, 162,190,213,400,430,554,676)

Sitios consenso de proteínas cinasas desconocidas (102, 130)

Figura 5. Sitios de fosforilación en el receptor humano para la progesterona. *Se han identificado trece residuos de serina y un residuo de treonina que son activados de manera constitutiva, en ausencia de la hormona; así como residuos que se fosforilan por la proteína cinasa activada por mitógeno (MAPK) y por la cinasa dependiente de ciclinas (CDK), cuando la hormona se une al receptor. RPBh, receptor a progesterona humano B; RPAh, receptor apara la progestrona humana A; DUA, dominio de unión al ADN; DUH, domino de unión a la hormona; AF1-AF3, secuencias que cumplen funciones de activación; B, región de la bisagra. Tomado de Lange (2004).*

En el sistema nervioso central se han identificado receptores para la progesterona en la hipófisis, el hipotálamo ventromedial, el área preóptica media, el septum, en la corteza cerebral, el hipocampo, la amígdala y el cerebelo (Romano *y cols.*, 1989).

El receptor de la progesterona es una proteína cuya síntesis es regulada por estrógenos, ya que 12 o 16 horas después de la administración de esta hormona se ha determinado un incremento en células hipotalámicas (Blaustein y Turcotte, 1989), mientras que la administración de progesterona provoca una regulación a la baja en la concentración hipotalámica de estos receptores, debido a su ocupación y posterior proteólisis (Camacho-Arroyo *y cols.*, 1994).

Schumacher y cols., (1999) describieron que en su forma inactiva el receptor de la progesterona se une con otras proteínas, incluyendo a las proteínas de choque térmico

(HSP; del inglés hot-shock proteins). Después de que la hormona se une al receptor se forma un complejo activo "hormona-receptor", provocando los siguientes eventos:

1. Las proteínas de choque térmico de 90 kDa y 59 kDa se disocian del receptor, evitando que interfieran con la unión del receptor de la progesterona al ADN.
2. Cambia la constante de sedimentación (S), de 8S a 4S, lo que indica que ocurrió la pérdida de algunos de sus componentes.
3. Cambia la conformación del receptor.
4. Se dimerizan las isoformas del receptor, dando lugar a tres combinaciones posibles, RPA-RPA, RPA-RPB, RPB-RPB.

Existe una correlación entre la concentración de los receptores a progesterona, en diferentes áreas cerebrales y la expresión de la conducta de lordosis en roedores (Blaustein y Feder, 1979; Pfaff *y cols.*, 1994).

Blaustein y Feder (1979) determinaron que la elevación en la concentración del receptor de la progesterona en el hipotálamo ventromedial y el área preóptica media, precede al inicio de la conducta de apareamiento inducida por progesterona en hembras de cuyo previamente estrogenizadas; además, mostraron una clara reducción de los receptores a progesterona nucleares, que coincide con la inhibición de esta conducta después de un segundo tratamiento con progesterona, la denominada inhibición secuencial. Adicionalmente, se ha reportado que el tratamiento con progesterona provoca la translocación de sus receptores hacia el núcleo, en neuronas del hipotálamo ventromedial y del área preóptica media (Blaustein, 1982; Guichon- Mantel *y cols.*, 1989), evento que se correlaciona con la expresión de la conducta sexual en las hembras de los roedores.

Brown y Blaustein (1984) determinaron que la administración de la antiprogestina sintética RU486 (11β-(4-Dimetilamino)fenil-17β-hidroxi-17-(1-propinil)estra-4,9-dien-3-ona), inhibe la conducta de lordosis inducida por progesterona y por la progestina sintética R5020. Adicionalmente, se determinó que el RU486 también inhibe la conducta de lordosis inducida por metabolitos de la progesterona reducidos en el anillo A, que se conoce tienen poca o nula afinidad por el receptor de la progesterona (González-Mariscal *y cols.*, 1989; Beyer *y cols.*, 1995), lo que implica la participación del receptor de la progesterona como mediador de los efectos lordogénicos de dichos compuestos.

Por otra parte, la administración de oligonucleótidos antisentido para el ARNm que codifica para el receptor de la progesterona, en los ventrículos cerebrales (Mani *y cols.*, 1994b; Guerra-Araiza *y cols.*, 2009), o en el hipotálamo ventromedial (Ogawa *y cols.*, 1994), suprimieron la receptividad y las conductas proceptivas inducidas por la progesterona y sus metabolitos en ratas ovariectomizadas previamente estrogenizadas. Por su parte, Mani y cols., (1996; 2000) utilizando ratones con genes inactivos para la transcripción y síntesis del receptor de la progesterona (knockout), determinaron que dichos ratones no desplegaron la conducta de lordosis inducida por progesterona.
Estos resultados apoyan la idea de que la conducta de lordosis, así como las conductas proceptivas inducidas por progesterona en la rata, son mediadas por la activación del receptor de la progesterona en núcleos hipotalámicos involucrados en la expresión de esta conducta, de manera particular en el hipotálamo ventromedial (Blaustein y Erskine, 2002).

2.4. LA LEPTINA

2.4.1. Descubrimiento de la leptina

En 1949 en los laboratorios Jackson en Bar Harbor (Estados Unidos de Norteamérica) observaron que algunos ratones comenzaban a presentar obesidad entre las 4 y las 6 semanas de edad y continuaban incrementando su peso hasta pesar cuatro veces más que los ratones de su misma edad. Además, estos animales eran estériles y los hijos de animales heterocigóticos presentaban una descendencia con una proporción 3:1 de la característica obesidad, heredada por endogamia a partir de un gen autosómico recesivo localizado en el cromosoma 6 del ratón. El gen fue designado como el gen de la obesidad (ob; Ingalls *y cols.*, 1950).
En el año 1950 se utilizó la técnica de parabiosis en ratones obesos y normales, para determinar la naturaleza de los mutantes. Esta técnica consiste en unir a dos organismos vivos quirúrgicamente para producir una circulación sanguínea cruzada. Así, Coleman (1973, 1978), trabajando en torno al concepto de *"factor de saciedad circulante"*, descubrió en los ratones obesos dos mutaciones asociadas con la obesidad, una originada por la mutación del gen *ob* y otra originada por la mutación del gen diabético (*db)*, ambas responsables de producir alteraciones tales como hiperfagia,

hiperinsulinemia, hiperglicemia, gasto metabólico reducido, hipogonadismo, infertilidad y obesidad en edad temprana, que conducía a una obesidad mórbida (Ingalls *y cols.*, 1950).

Cuando los ratones homocigóticos del gen *ob* (*ob/ob)* fueron sometidos a circulación cruzada con ratones normales, los ratones *ob/ob* no ganaban peso. Sin embargo, al efectuar el mismo procedimiento entre ratones homocigóticos del gen *db* (*db/db)* y ratones normales, los ratones normales de ésta parabiosis desarrollaron una severa hipofagia y murieron a los 50 días (Coleman, 1973).

Estas observaciones permitieron concluir a Coleman (1973) que los ratones *ob/ob* no producían un "*factor de saciedad humoral*" y que los ratones *db/db* no sintetizaban el producto adicional requerido para la respuesta a dicho factor.

Posteriormente, Zhang *y cols.,* (1994) caracterizaron al péptido derivado del gen *ob* y lo denominaron leptina, palabra que proviene del griego *leptos*, cuyo significado es delgado. Actualmente, con el uso de técnicas de ingeniería genética, se han determinado las características del mutante *ob/ob* y se han desarrollado otros tres modelos animales, que se describen a continuación y que han permitido lograr el conocimiento actual de los efectos fisiológicos inducidos por la leptina:

1. **El modelo de ratones *ob/ob*.** En este modelo el gen *ob,* que transcribe para la leptina, es mutado por la sustitución de una citocina por una timina, en el codón de la posición 105 que codifica para arginina, lo que da como resultado un codón de terminación. Esta mutación hace que la transcripción se detenga y por lo tanto que se produzca una proteína truncada incapaz de ser secretada (Zhang *y cols.*, 1994).
2. **El modelo de los ratones obesos diabéticos (*db/db*)**. Estos ratones producen leptina normalmente; sin embargo, el gen que codifica para los receptores de leptina se encuentra mutado por la inserción en la porción 3', de un codón de terminación en la posición 105, lo que origina la síntesis del receptor de la leptina A (*ObRa*) en vez del receptor de la leptina B (ObRb; Lee *y cols.*, 1996);
3. **El modelo de las ratas Zucker obesas fa/fa (del inglés fatty).** Son ratas que presentan una mutación puntual en la posición 269 del gen productor de los receptores de leptina, debido a la sustitución de una glutamina por una prolina; esta sustitución corresponde al dominio extracelular del receptor (Chua *y cols.*,

1997). Dicha mutación reduce la afinidad de unión del receptor de la leptina por su ligando (Yamashita *y cols.*, 1997), reduce su densidad y en consecuencia afecta la respuesta a la leptina (Cusin *y cols.*, 1996).

4. **Las ratas Koletsky fa^k/fa^k (fa^k refiere una mutación diferente a la de las ratas Zucker).** El fenotipo obeso de estas ratas es el producto de la mutación del gen productor del receptor de la leptina, como consecuencia de una mutación puntual que produce un codón de terminación en el aminoácido de la posición 763. Esta mutación corresponde al dominio extracelular del receptor, por lo que ninguna de las isoformas del receptor de la leptina en estas ratas tiene el dominio para traducir la señal activadora de la leptina (Takaya *y cols.*, 1996).

2.4.2. Características de la leptina

La leptina es una hormona peptídica de 16 KDa constituida por 167 aminoácidos y un péptido señal de 21 aminoácidos. La proteína presenta una estructura terciaria similar a la de las citocinas de hélice larga, como la interleucina 2. Una de sus características fundamentales es la presencia de puentes disulfuro. La leptina humana presenta un alto grado de homología entre las especies, siendo de aproximadamente 84% con la de ratón y de 83% con la de rata (véase Figura 6; Zhang *y cols.*, 1994).

El gen *ob*, se caracterizó por clonación posicional, revelando un transcrito de ácido ribonucleico mensajero de 4.5 kilobases altamente conservado. El gen *ob* humano se localiza en el cromosoma 7, el del ratón en el cromosoma 6 (Green *y cols.*, 1995) y el de la rata en el cromosoma 5 (Chung *y cols.*, 1996). El gen *ob* consta de 650 kilobases y consiste de 3 exones, separados por 2 intrones; la región codificadora de la proteína se localiza en el exón 2 y 3 (Zhang *y cols.*, 1994).

La leptina es producida a partir del gen *ob* en el tejido adiposo, aunque también se ha determinado su síntesis en el ovario, el estómago, la placenta y el sistema nervioso central (Hoggard *y cols.*, 1997; Bado *y cols.*, 1998).

La leptina en el plasma circula parcialmente unida a proteínas plasmáticas, en niveles proporcionales al contenido de grasa corporal del organismo (Sinha *y cols.*, 1996) y su transporte hacia el sistema nervioso central ocurre mediante un mecanismo de transporte saturable a nivel de los plexos coroideos (Banks *y cols.*, 1996; 2000). Se ha mostrado que esta hormona es producida en respuesta a los estímulos que inducen su síntesis, como el almacenamiento de energía en los adipocitos y el incremento en las concentraciones de insulina (Maffei *y cols.*, 1995); sin embargo, no se ha demostrado la existencia de vesículas intracelulares que la contengan, lo que sugiere que los estímulos actúan sobre la síntesis, más no sobre la secreción de la molécula desde el tejido adiposo (Hoggard *y cols.*, 1997; Bado *y cols.*, 1998).

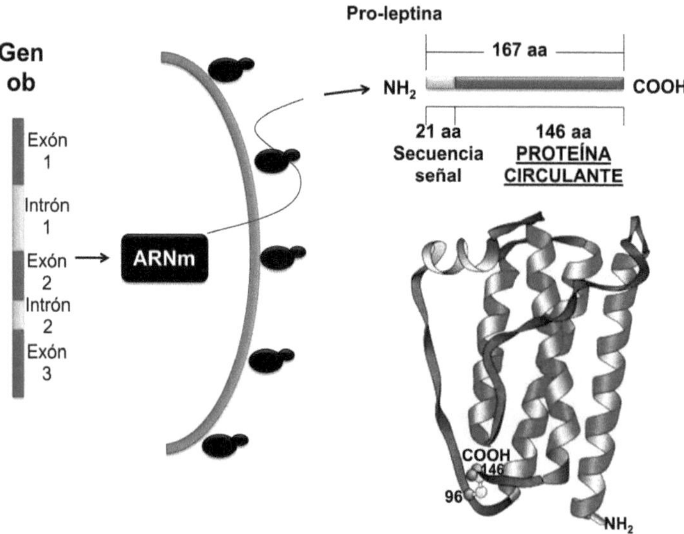

Figura 6. Biosíntesis de la leptina. *El gen de la leptina está constituido por tres exones y dos intrones, que dan origen a una proteína proleptina integrada por 167 residuos de aminoácidos y una proteína circulante madura de 146 aminoácidos. En su forma circulante, la leptina está constituida por cinco cadenas principales en forma de hélice y un puente disulfuro entre las cisteínas 96 y 146 de la molécula, necesario para su actividad biológica. aa, aminoácidos; ob, obeso; ARNm, ácido ribonucleico mensajero;* NH_2*, región amino-terminal de la proteína; COOH, región carboxilo-terminal de la proteína. Adaptado de Karvonen y cols. (1998), Zhang y cols. (1994).*

2.4.3. Receptores de la leptina

Tartaglia y cols. (1995) caracterizaron al receptor de la leptina *(ObR)*, como el producto del gen *db*, del cual se reconocen actualmente seis isoformas: *ObRa, ObRb, ObRc, ObRd, ObRe, ObRf* (Lee *y cols.*, 1996). Estos receptores pertenecen a la familia de receptores de citocinas tipo I (Tartaglia *y cols.*, 1995; Tartaglia, 1997). Las isoformas *ObRa, ObRb, ObRc* y *ObRe* son comunes en todas las especies estudiadas; sin embargo, la isoforma *ObRd* sólo se ha identificado en el ratón y la isoformas *ObRf* sólo en la rata. Las seis isoformas de receptores de leptina se originan por corte y empalme (del inglés splicing) alternativo del ácido ribonucleico mensajero o por procesamiento proteolítico de la proteína sintetizada (Chua *y cols.*, 1997; Tartaglia, 1997).

La isoforma *ObRe* es una proteína soluble que no contiene el dominio transmembranal ni el citoplásmico, pero contiene los aminoácidos codificados a partir de los exones 1 al 15 del gen *db*, que en los demás receptores forman el domino extracelular; en este dominio se une la leptina circulante y regula así la concentración de leptina libre (Ge *y cols.*, 2002). Las otras isoformas *ObRa, ObRb, ObRc, ObRd* y *ObRf*, contienen las secuencias de aminoácidos codificados a partir de los exones 1 al 15 del gen *db*, que corresponden al dominio extracelular; además, contienen la secuencia de aminoácidos que corresponden al exón 16 del mismo gen y que corresponde al dominio transmembranal; así como la secuencia de aminoácidos correspondiente al exón 17, el cual contiene los primeros 29 aminoácidos del dominio citoplásmico. Esta homología hace que las isoformas sean idénticas en los dominios extracelular, transmembranal y en los primeros 29 aminoácidos intracelulares (Chua *y cols.*, 1997). Después del aminoácido 889 localizado en el dominio citoplásmico, las isoformas *ObRa, ObRc* y *ObRd* tienen diferentes longitudes, 3, 5 y 11 aminoácidos, respectivamente; mientras que la isoforma *ObRb*, también llamada isoforma larga, tiene un segmento adicional de 273 aminoácidos.

Las seis isoformas del receptor de la leptina están conformadas por hélices α y múltiples láminas β, poseen el dominio extracelular requerido para la unión del ligando (Zhang *y cols.*, 1994). El dominio extracelular del receptor es fuertemente N-glicosilado, lo que incrementa en 36% su masa total (Haniu *y cols.*, 1998). Adicionalmente, contiene nueve puentes disulfuro, que contribuyen a estabilizar la estructura tridimensional del receptor (Figura 7; Haniu *y cols.*, 1998).

En la porción amino terminal del receptor conserva dominios homólogos a los del receptor de citocinas y de fibronectina tipo 3, (Zhang *y cols.*, 1994). El dominio homólogo del receptor 2 se encuentra separado del tipo 1 por un dominio a inmunoglobulinas C2; sin embargo es el tipo 2 el que está involucrado en la unión de la leptina (Fong *y cols.*, 1998), a través de la interacción hidrofóbica con las hélices A y C del péptido (Iserentant *y cols.*, 2005). Cabe señalar que particularmente los aminoácidos fenilalanina 500 y tirosina 441 son importantes para la unión de la leptina al receptor (Sandowski *y cols.*, 2002).

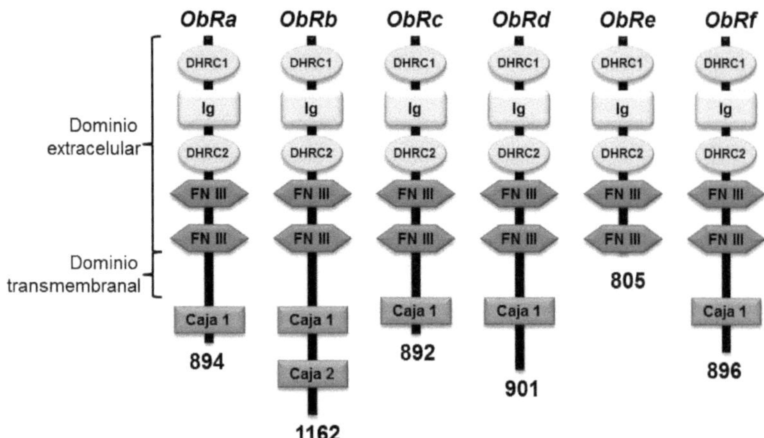

Figura 7. Estructura de las isoformas del receptor para la leptina. *La isoforma ObRb contiene el dominio intracelular largo, el cual es crucial para el inicio de la señalización iniciada por la leptina. Las isoformas Ob-Ra, ObRc, ObRd y ObRf contienen sólo un dominio intracelular corto. La isoforma ObRe es llamada la isoforma secretada y no tiene dominio transmembranal, ni el dominio intracelular. El DHRC2 (dominio homólogo del receptor de citosinas 2) del receptor es el principal sitio de unión para la leptina. Los dominios Ig (dominio a inmunoglobulinas) y FN-III (homólogo del dominio a fibronectina tipo III), son críticos para la activación de los receptores. Modificado de Ahima y Osey (2004) y Bernotiene y cols. (2006).*

Cada monómero del receptor puede unir una molécula de leptina; sin embargo, la activación de las señales intracelulares requiere la dimerización formada por dos monómeros *ObRb*, unidos a una molécula de leptina (Sandowski *y cols.*, 2002; Mistrik *y cols.*, 2004). La unión de una molécula de leptina al dímero *ObRb-ObRb* induce un cambio conformacional y su activación. Una vez activados, los receptores inducen la señalización intracelular a través de la vía cinasa JAK2-proteína traductora de señales y activadora de la transcripción (STAT; del inglés signal transducer and activator of transcription; véase la Figura 12).

2.4.4. La expresión de la leptina

La secreción de leptina presenta un ritmo circadiano asociado con la frecuencia de la ingesta de alimentos, aumentando a lo largo del día en humanos, de hábitos diurnos, y reduciéndose en roedores, de hábitos nocturnos y viceversa (Licinio *y cols.*, 1997). Una vez secretada al torrente circulatorio, la leptina circula parcialmente unida a proteínas plasmáticas y su concentración en personas con peso normal oscila en el rango de 1-15 ng/ml, aunque en individuos con un índice de masa corporal superior a 30 se pueden registrar valores de 30 ng/ml o incluso mayores; mientras que en roedores los niveles de leptina oscilan entre 1.5-2.5 ng/ml (Amico *y cols.*, 1998). La disminución de las concentraciones plasmáticas de leptina es rápida, debido principalmente a su aclaramiento renal, con una vida media de alrededor de 25 minutos en el caso de la leptina endógena y de unos 90 minutos aproximadamente en el caso de la administrada exógenamente (Cumin *y cols.*, 1996).

La síntesis de leptina ocurre en el tejido adiposo (Trayhurn *y cols.*, 1999); así, los niveles en plasma del péptido están correlacionados con la cantidad de tejido adiposo del cuerpo (Maffei *y cols.*, 1995). Sin embargo, se ha determinado la síntesis de leptina fuera del tejido adiposo, como en la placenta (Hoggard *y cols.*, 1997) y en las glándulas fúndicas del estómago, en donde regula los efectos de la colecistoquinina para inducir saciedad después de la ingesta de alimento (Bado *y cols.*, 1998).

Saladin *y cols.* (1995) observaron, tanto en roedores como en humanos, que los niveles de leptina aumentan pocas horas después de comer y disminuyen pocas horas después del inicio del ayuno; esto explica porque en situaciones de balance energético positivo se produce un aumento de los niveles de leptina, mientras que en condiciones de un balance energético negativo, las concentraciones de leptina bajan; en ambos casos sin una modificación de la cantidad de tejido adiposo (Ahima *y cols.*, 1996). Por lo tanto, se ha considerado que los niveles de leptina están asociados a la cantidad de grasa corporal, que sirven como un indicador de los niveles de energía almacenados en el organismo y que ejercen una retroalimentación en el sistema nervioso central para la regulación de la homeostasis energética (Maffei *y cols.*, 1995).

2.4.5. Fisiología de la leptina

Una vez que la leptina fue caracterizada (Zhang *y cols.*, 1994), su papel dejó de ser sólo el de una hormona antiobesidad, ya que actualmente se reconoce su participación como regulador neuroendócrino de una gran diversidad de procesos.

Los estudios iniciales sobre el péptido se enfocaron en evaluar su papel como un factor de saciedad y regulador de la ingesta alimenticia, utilizando para ello a los ratones *ob/ob*, que como se mencionó anteriormente, presentan obesidad genética. En éstos ratones se ha estudiado que la administración de leptina exógena ejerce efectos agudos sobre el metabolismo, al disminuir los niveles sanguíneos de glucosa e insulina (Ahima, 2000); además, provoca la pérdida del apetito y la disminución del peso corporal, éste último efecto es mediado por la reducción de los depósitos de grasa (Flier y Maratos-Flier, 1998). Sin embargo, con el uso de ratones normales se determinó que la leptina estimula el metabolismo de la glucosa (Cohen *y cols.*, 1998), regula la lipólisis en el músculo esquelético y produce un incemento en la síntesis de los ácidos grasos en el hígado (Lee *y cols.*, 1996).

En modelos de animales con obesidad genética Trayhurn *y cols.* (1999) mostraron que la administración de leptina exógena, normaliza la hiperglucemia y la hiperinsulinemia, al inhibir la secreción de insulina por las células β-pancreáticas, estimular la utilización de glucosa por el músculo esquelético y promover el transporte de glucosa a través del intestino delgado; aunque también estimula la proliferación y diferenciación de las células hematopoyéticas y de la angiogénesis (Trayhurn *y cols.*, 1999), así como, la actividad fagocítica de los macrófagos, la proliferación de monocitos y linfocitos T, así como la liberación de algunas citocinas inflamatorias, modulando así la respuesta inmune (Lord *y cols.*, 1998).

Por otra parte, Ahima y *cols.* (1998) determinaron que en la primera semana de vida el cerebro de los roedores presenta un incremento considerable en las concentraciones de leptina. Posteriormente, Bouret y *cols.* (2004) determinaron en ratones *ob/ob* que el incremento del péptido en dicha etapa posnatal, juega un papel como factor neurotrófico durante el desarrollo del hipotálamo y que tal evento participa en la reconfiguración de los circuitos hipotalámicos, haciendo que el cerebro de los ratones *ob/ob* se parezca más al de los ratones normales, lo que moldea de manera aguda la ingesta de alimentos en el adulto desde una etapa temprana (Bouret y Simerly, 2004).

Sin embargo, en el sistema nervioso central la leptina activa los circuitos anorexigénicos e inhibe a los circuitos de moléculas orexigénicos (Tabla 3; Martinez *y cols.*, 2000).

Tabla 3. *Moléculas que intervienen en la regulación de la homeostasis energética en el sistema nervioso central.*

Anorexigénicas	Orexigénicas
Leptina	Neuropéptido Y
CRH	MCH
α-MSH	Orexinas A y B
Colecistoquinina	AgRP
Serotonina	β-endorfina
CART	Norepinefrina
GLP-1	Galanina
Bombesina	GHRH
Somatostatina	Grelina
TRH	
Neurotensina	

CART, transcrito regulado por cocaína y anfetamina; CRH, hormona liberadora de corticotropina; GHRH, hormona liberadora de hormona de crecimiento; GLP, péptido 1 similar al glucagón; TRH: hormona liberadora de la tirotropina; MCH, hormona concentradora de melanina; α-MSH, hormona estimulante de los melanocitos.

2.4.6. La leptina en la reproducción

La producción y oscilación en los niveles plasmáticos de leptina se encuentran reguladas por factores hormonales (Saad *y cols.*, 1998), siendo los esteroides sexuales los que modulan los niveles plasmáticos de leptina en la edad adulta de una manera sexualmente dimórfica; por ejemplo, en las mujeres los niveles de leptina son más altos que en los hombres (Rosenbaum y Leibel, 1999) y se sabe que los estrógenos incrementan la producción de leptina (Shimizu *y cols.*, 1997), mientras que los andrógenos la suprimen (Mantzoros *y cols.*, 1997).

Las diferencias en la concentración de leptina con respecto al género han sido observadas desde etapas tempranas del desarrollo en muestras de sangre del cordón umbilical de neonatos, en las cuales las muestras obtenidas de niñas presentan una mayor concentración de leptina que las obtenidas de niños (Maffeis *y cols.*, 1999).

Durante la pubertad, las diferencias sexuales en los niveles de leptina en plasma son más evidentes, ya que en las mujeres adolescentes existe una correlación entre los incrementos de los niveles de leptina, con el de los estrógenos gonadales; por el contrario, en los hombres conforme comienza la actividad de los testículos y la producción de testosterona, ocurre una disminución en la concentración plasmática de leptina (Mantzoros *y cols.*, 1997).

Por otra parte, en el caso de las niñas sometidas a rigurosos programas de gimnasia o ballet, se ha observado que cuando llegan a la edad cronológica de la pubertad, comúnmente presentan retraso en el inicio de la misma, fenómeno que va acompañado de bajas concentraciones plasmáticas de leptina y de hormonas gonadales (Munoz *y cols.*, 2004). Además, en el caso de infantes con una mutación que resulta en la ausencia de leptina plasmática, cuando han alcanzado una edad superior que el promedio poblacional para comenzar la pubertad, no muestran signos del inicio de esta etapa fisiológica; sin embargo, cuando son tratados con leptina exógena desarrollan los primeros cambios endócrinos característicos de ésta etapa del desarrollo (Farooqi, 2002).

En modelos animales, se ha estudiado el papel de la leptina como regulador de otros eventos reproductivos; por ejemplo, se ha observado que cuando las concentraciones de leptina durante el desarrollo son las adecuadas, se activa el eje hipotálamo-hipófisis-gónadas y por lo tanto se produce la pubertad y las funciones reproductivas subsecuentes. Sin embargo, el exceso en la producción de leptina que se genera por la obesidad, produce atrofia testicular en el macho e interfiere con la producción ovárica de estradiol en la hembra (Blum *y cols.*, 1997).

En hembras de ratón homocigóticas *ob/ob*, la administración de leptina por vía sistémica, disminuye el porcentaje de grasa y peso corporal, incrementa el peso del útero y de los ovarios e induce el inicio de la pubertad (Barash *y cols.*, 1996; Farooqi, 2002); en estos animales la restricción alimenticia sólo reduce el porcentaje de grasa y peso corporal, pero es inefectiva en restaurar la fertilidad, lo que demuestra que la obesidad no es la causa de la infertilidad (Chehab *y cols.*, 1996).

En hembras de hámster, el tratamiento exógeno de leptina revirtió la ausencia de receptividad sexual causada por la privación alimenticia (Wade *y cols.*, 1997); mientras que en hembras de ratón prepúberes no mutantes, adelantó el inicio de la pubertad (Chehab *y cols.*, 1996), mientras que en adultas restituyó la ovulación inhibida por el ayuno e indujo desarrollo folicular y la formación del cuerpo lúteo, debido a que provoca la liberación de GnRH (Schneider *y cols.*, 1998).

Por otro lado, la restricción alimenticia en un 20% y 30% de ratas prepuberes retrasó el desarrollo sexual cuando fueron evaluadas a los 43 días de edad (Cheung *y cols.*, 1997); sin embargo, cuando a las ratas sometidas a la restricción alimenticia del 20% se les administró leptina sólo se observó un retraso en la maduración sexual, mientras que en las que tuvieron restricción del 30%, la administración sistémica de leptina sólo evitó el retraso en la maduración sexual en un 60% de las hembras.

En nuestro laboratorio hemos determinado que la leptina induce conducta de lordosis, de manera dosis-dependiente; un efecto en donde participa tanto el receptor tipo 1 de GnRH, como el receptor para la progesterona, ya que la administración del antide y del RU486, inhibidores del receptor tipo 1 de GnRH y del receptor de la progesterona, respectivamente, inhibieron la conducta de lordosis inducida por la leptina en el modelo de la rata ovariectomizada, pretratada con estrógenos y con alimentación *ad libitum* (García-Juárez *y cols.*, 2011).

Así, los resultados que asocian a la leptina con el inicio de la pubertad y los que refieren su efecto regulador sobre otros eventos reproductivos, apoyan la propuesta de Maffei *y cols.* (1995), quienes proponen que los niveles plasmáticos de leptina asociados a la cantidad de grasa corporal funcionan como un indicador de los almacenes energéticos corporales, los cuales a su vez ejercen una retroalimentación positiva en el sistema nervioso central para la regulación de la homeostasis energética y son señales de modulación, ya que este proceso requiere una alta inversión energética particularmente en las hembras.

2.4.7. Vías neurales sensibles a la leptina

El hipotálamo es la estructura neural que juega un papel crítico en la regulación de los efectos fisiológicos de la leptina (Bouret y Simerly, 2004), debido a que:

1. El núcleo arqueado está ubicado anatómicamente muy cerca de los capilares fenestrados en la base del hipotálamo, donde responde rápidamente a fluctuaciones hormonales que ocurren en el torrente sanguíneo.
2. Las neuronas del núcleo arqueado están inervadas por axones que contienen la mayor cantidad de neurotransmisores y expresión de receptores para muchas hormonas.

3. Tiene una amplia cantidad de proyecciones hacia el diencéfalo y la periferia, tanto en forma directa como indirecta (Cone *y cols.*, 2001).

Estas propiedades permiten que distintas poblaciones de neuronas del hipotálamo puedan responder a la leptina en virtud de su localización (Bouret *y cols.*, 2004; Bouret y Simerly, 2007).

2.4.8. Vías hipotalámicas asociadas a los efectos de la leptina

El núcleo arqueado del hipotálamo, es una de las estructuras a las que se le ha dado mayor importancia en la mediación de los efectos de la leptina (Figura 8; Halaas *y cols.*, 1997); éste núcleo esta localizado por encima de la eminencia media, establece conexiones con regiones tales como el órgano subfornical y el órgano vascular de la lámina lateral (Lind, 1986).

El núcleo arqueado expresa altos niveles de receptores para la leptina (Elmquist *y cols.*, 1998b) y contiene neuronas que responden directamente a ésta hormona (Cowley *y cols.*, 2001). En el núcleo arqueado, la leptina actúa sobre dos distintas poblaciones de neuronas, un grupo coexpresa hormona estimulante de los melanocitos y el transcrito regulado por anfetamina y cocaína. Esta población de neuronas promueve la pérdida de peso y su actividad eléctrica es estimulada por la leptina. La otra población de neuronas coexpresa neuropéptido Y, así como el péptido relacionado con el gen aguti. Esta población de neuronas promueve la ganancia de peso y su actividad eléctrica es inhibida por la leptina (Elmquist *y cols.*, 2005).

Se ha propuesto que muchos de los efectos biológicos de la leptina están asociados con proyecciones originadas en el núcleo arqueado (Sawchenko, 1998; Elmquist *y cols.*, 2005), el cual proyecta al núcleo paraventricular y al área hipotalámica lateral (Elmquist *y cols.*, 1998a).

Las proyecciones del núcleo paraventricular son de particular interés debido a que envían proyecciones al tallo cerebral y a la hipófisis donde regulan la secreción hormonal (Sawchenko, 1998). Adicionalmente, las proyecciones del hipotálamo ventromedial también podrían jugar un papel importante en el relevo de las señales centrales activadas por la leptina, ya que las proyecciones del núcleo ventromedial alcanzan al núcleo paraventricular (Elmquist *y cols.*, 1998b) y se ha propuesto que áreas como el núcleo dorsomedial y el núcleo pre-mamilar ventral también son importantes en la regulación de los efectos de la leptina (Elmquist *y cols.*, 1998a).

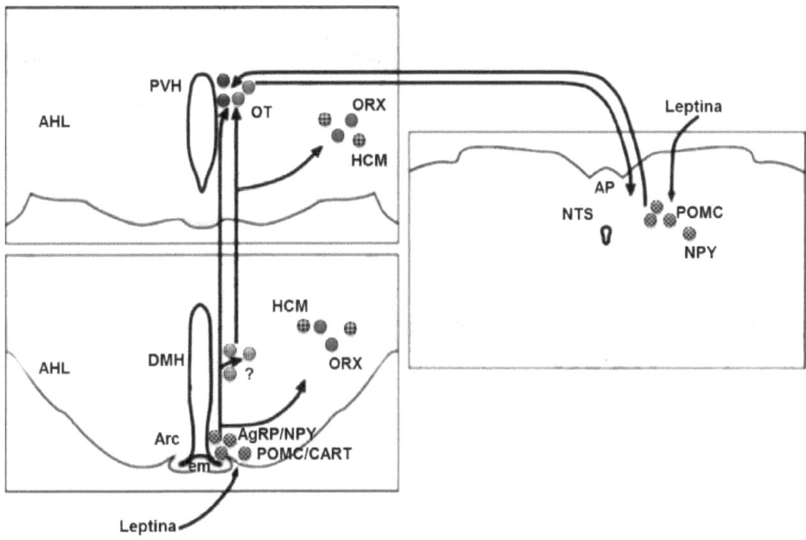

Figura 8. Organización de las vías centrales para la integración de las poblaciones neuronales activadas por la leptina*. Existen dos distintas poblaciones de neuronas en el núcleo arqueado (Arc), una que coexpresa neuropéptido Y (NPY) y proteína relacionada con el gen aguti (AgRP) y la otra que contiene pro-opiomelanocortina (POMC) y el transcrito regulado por cocaína y anfetamina (CART), que representan las principales rutas para traducir la información llevada por la leptina. Estas neuronas envían proyecciones directas a poblaciones de neuronas localizadas en el núcleo dorsomedial (DMH) y paraventricular (PVH) del hipotálamo y al área hipotalámica lateral. Las proyecciones originadas en el DMH y el núcleo ventromedial también representan importantes rutas para la acción de la leptina a nivel del hipotálamo. Sin embargo, la leptina también actúa sobre neuronas localizadas en la porción caudal del tallo cerebral, específicamente en neuronas localizadas en el núcleo del tracto solitario (NTS). AP, el área postrema; em, eminencia media; HCM, hormona concentradora de melanina; OT, oxitocina; ORX, Orexina. Tomado de Bouret y Simerly (2007).*

2.4.9. Vías del tallo cerebral asociadas a los efectos de la leptina

Conocido como un centro integrador para las señales de saciedad relacionadas con la alimentación, la porción caudal del tallo cerebral y particularmente el complejo vagal dorsal, pueden jugar un papel en la integración de señales activadas por la leptina. El complejo vagal dorsal comprende al núcleo motor dorsal del nervio vago, al núcleo del tracto solitario, al área postrema y al bulbo raquideo.

De manera similar a la respuesta activada por la leptina en el núcleo arqueado, en el núcleo del tracto solitario tambien induce activación neuronal (Williams y Smith, 2006). El núcleo del tracto solitario contiene una población de neuronas que producen péptidos derivados de la pro-opiomelanocortina, como la fracción α de la hormona estimulante de los melanocitos, más no del transcrito regulado por anfetamina y cocaína (Ellacott *y cols.*, 2006) y otra población que sintetiza neuropéptido Y, pero que a diferencia del arqueado no coexpresa proteína relacionada con el gen aguti. De tal manera que los efectos fisiológicos producidos por la leptina podrían ocurrir a través de poblaciones de relevo cuya señalización comienza en el núcleo arqueado.

2.5. FOSFORILACIÓN DE PROTEÍNAS

La fosforilación de las proteínas es uno de los principales mecanismos moleculares a través del cual la función de las proteínas es regulada en respuesta a estímulos extracelulares, dentro y fuera del sistema nervioso (Han y Martinage, 1992). Todos los tipos de señales extracelulares conocidos, incluyendo neurotransmisores, hormonas, factores neurotróficos y citocinas, producen muchos de sus efectos fisiológicos al regular la fosforilación de fosfoproteínas específicas en sus células blanco (Nestler y Greengard, 1994). Aunque es bien sabido que las proteínas pueden ser modificadas covalentemente por muchas vías como la ADP-ribosilación, acetilación, miristoilación, ubiquitinación, carboximetilación y glicosilación, la fosforilación se ha propuesto como uno de los mecanismos más importantes para la plasticidad neural (Nestler y Greengard, 1999).

El mecanismo de fosoforilación de proteínas, en general se inicia con la unión de un primer mensajero, como las hormonas, los factores de crecimiento, los neurotransmisores, etc., con su receptor membranal específico acoplado a una proteína traductora denominada proteína G; esta proteína es activada cuando el GTP reemplaza al GDP asociado a la subunidad α de la proteína G y dependiendo del tipo de receptor membranal activado, es la proteína que a su vez, estimula a proteínas amplificadoras, como la adenilato ciclasa, la guanilato ciclasa o la fosfolipasa. La estimulación de estas enzimas perdura hasta que el GTP es hidrolizado a GDP, provocando con ello la desactivación de la proteína (Figura 9).

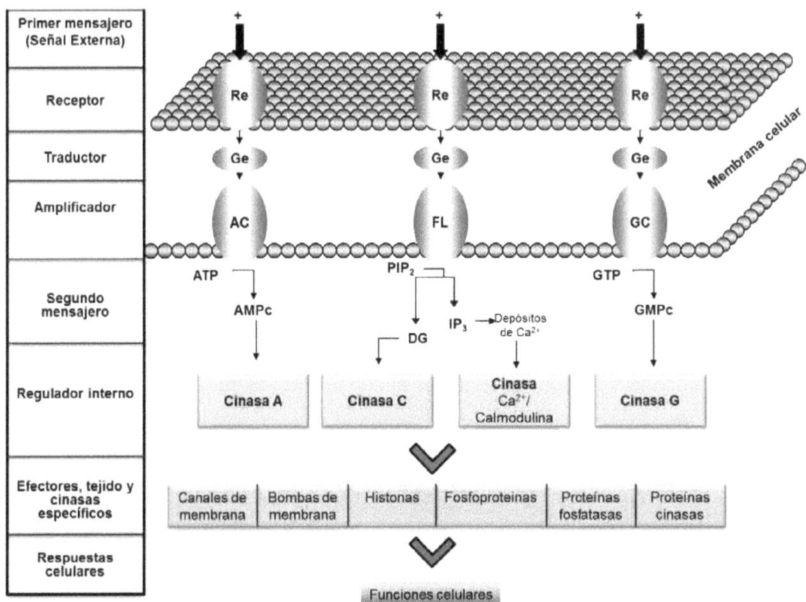

Figura 9. Eventos que conducen a la fosforilación de proteínas. *La unión de un neurotransmisor a su receptor lo activa y desencadena la activación de una vía de señalización. Se ilustran tres vías de segundos mensajeros mediadas por sus respectivas proteínas cinasas A, C, G y la dependiente de* Ca^{2+}*/calmodulina, las cuales son las responsables de fosforilar y activar a sus moléculas blanco y activarlas. AC, adenilato ciclasa; ATP, adenosina trifosfato; AMPc, adenosina monofosfato cíclico; Ge, proteína G estimuladora; Re, receptor acoplado a proteína G de tipo estimulador; FL, fosfolipasa; GC, guanilato ciclasa; DG, diacil glicerol;* PIP_2*, fosfatidil inositol bifosfato;* IP_3*, trifosfato de inositol; GTP, guanosina trifosfato; GMPc, guanosina monofosfato cíclico. Modificado de Berridge (1985).*

La formación de segundos mensajeros se lleva a cabo a través de la activación de las proteínas amplificadoras. Así, tanto la adenilato ciclasa como la guanilato ciclasa, catalizan la síntesis de AMPc o de GMPc, respectivamente, ya que remueven dos iones fosfato del ATP y del GTP, e inducen la formación de un enlace fosfodiester entre los carbonos tres y cinco del azúcar. Por su parte la fosfolipasa, a través de la hidrólisis del bifosfato fosfatidil inositol, genera dos segundos mensajeros, el diacil glicerol (DAG) y el trifosfato de inositol (IP_3).

Los segundos mensajeros se unen a las proteínas cinasas, denominadas reguladores internos. Estas proteínas pueden estar constituidas por subunidades con funciones reguladoras y catalíticas, así como dominios con estas mismas funciones. Las cinasas son activadas por segundos mensajeros al unirse a las subunidades reguladoras e inducen la liberación o activación de las subunidades catalíticas, las cuales son las responsables de fosforilar a las fosfoproteínas, al adicionar grupos fosfato y con ello incrementar o disminuir su actividad celular. De esta manera, el aumento en la concentración de AMPc, GMPc, DAG, IP_3, etc., inducido por el primer mensajero, desencadena las respuestas celulares (Revisado en: Berridge, 1985; Nestler y Duman, 1994; Nestler y Greengard, 1994, 1999). Sin embargo, este esquema general tiene variantes dependiendo del receptor activado y de la vía de señalización involucrada en la traducción de la información inducida por el primer mensajero. Así, la regulación de las proteínas por fosforilación involucra al menos tres componentes, una proteína cinasa, una proteína fosfatasa y una fosfoproteína o proteína sustrato (Figura 10).

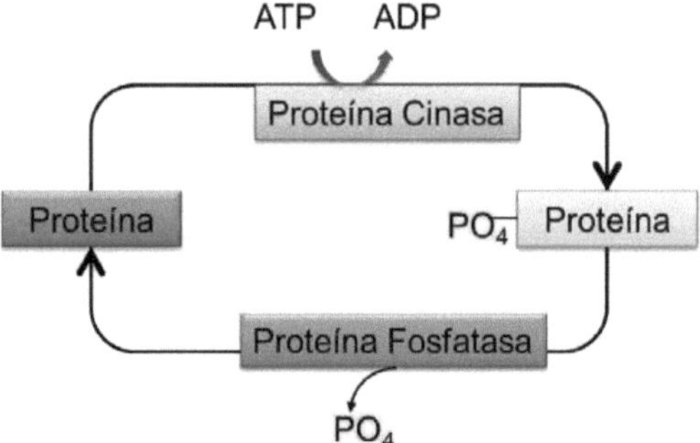

Figura 10. Ciclo de activación de las proteínas por fosforilación y de inactivación por defosforilación. *Una vez que la proteína cinasa es activada, cataliza la fosforilación de una fosfoproteína, utilizando como donador del grupo fosfato al adenosina trifosfato (ATP); la defosforilación, ocurre por una proteína fosfatasa que remueve grupos fosfato de proteínas mediante su hidrólisis. ADP, adenosina difosfato;* PO_4*, grupo fosfato. Modificado de Nestler & Greengard (1999).*

2.5.1. Proteínas cinasas

La proteínas cinasas en el humano son sintetizadas por 518 genes, haciéndolo el grupo de genes más abundante del genoma (Manning *y cols.*, 2002). Estas enzimas catalizan la siguiente reacción:

$$MgATP^{-1} + Proteína - OH \rightarrow Proteína - OPO_3^{2-} + MgADP + H^+$$

Las proteínas cinasas se clasifican de acuerdo con el sustrato que fosforilan; la mayoría (>95%) lo hace sobre residuos de serina, una pequeña cantidad (~3-4%) sobre residuos de treonina y muy pocas (<1%) sobre residuos de tirosina. En todos los casos, la cinasa cataliza la transferencia del grupo fosfato terminal (γ) del ATP o GTP a la porción hidroxilo del aminoácido correspondiente en la proteína blanco (Nestler y Greengard, 1999). Sin embargo, no todas las cinasas fosforilan a un solo aminoácido, como el caso de las proteínas cinasas que fosforilan residuos de serina y treonina, las cuales comprende a 385 miembros. Menos abundantes son las proteínas cinasas que fosforilan residuos de tirosina, ya que estas son tan sólo 90 miembros; sin embargo, las menos abundantes son aquellas cinasas duales que fosforilan residuos de tirosina y treonina, ya que de éstas tan sólo se han identificado 43 miembros (Roskoski, 2010).

A través de la fosforilación, las proteínas cinasas pueden controlar la actividad enzimática intracelular, la interacción con otras proteínas y moléculas, su localización en la célula y su propensión para ser hidrolizadas por proteasas (Johnson y Lapadat, 2002).

Para el caso particular del presente trabajo, posteriormente se abundará la información correspondiente a la proteína cinasa Janus 2 (JAK2; del inglés janus kinase), la cinasa relacionada con el sarcoma de Rous (Src), la proteína cinasa A, la proteína cinasa G, la proteína cinasa C, la proteína cinasa activada por mitógeno (MAPK; del inglés mitogen activated protein kinase) y la vía de señalización que involucra al óxido nítrico.

2.5.2. Proteínas fosfatasas

Estas proteínas remueven grupos fosfato de los residuos de serina, treonina o tirosina de las proteínas; es decir, defosforilan proteínas. Por lo tanto, desempeñan un papel muy importante en la regulación de la actividad celular.

Las proteínas fosfatasas pueden ser activadas directamente por un segundo mensajero o una proteína cinasa y su regulación depende de inhibidores específicos (véase tabla 4; Nestler y Greengard, 1999).

Tabla 4. *Clases de proteínas fosfatasas y sus inhibidores.*

Proteínas Fosfatasas	Inhibidores de proteínas fosfatasas
Proteína fosfatasa 1, α, β, γ_1,	Inhibidor 1, inhibidor 2, NIPP1
Proteína fosfatasa 2A	Inhibidor 1^{2A}, Inhibidor 2^{2A}
Proteína fosfatasa 2B	Inmunofilinas, ciclosforinas, ciclofilinas
Proteína fosfatasa 2C	
Proteína fosfatasa 4	
Proteína fosfatasa 5	
Proteína fosfatasa de la MAPK	

NIPP1, inhibidor nuclear de la proteína fosfatasa 1; del inglés, nuclear inhibitor of protein phosphatase 1; MAPK, proteína cinasa MAPK. Modificada de Nestler y Greengar (1999).

2.5.3. Fosfoproteínas

Las fosfoproteínas son aquellas proteínas que pueden cambiar su conformación al ser fosforiladas por las proteínas cinasas o defosforiladas por las fosfatasas. Estas reacciones inducen cambios en las propiedades de la proteína para convertirse en sustrato de otra proteína cinasa o fosfatasa o para participar en la activación de diversas respuestas fisiológicas (Nestler y Greengard, 1999). La identidad de las fosfoproteínas puede ser muy variada, ya que incluyen factores de transcripción, canales iónicos, receptores para neurotransmisores, proteínas que regulan los niveles celulares de segundos mensajeros; así como inhibidores de proteínas fosfatasas (Nestler y Greengard, 1999) o bien receptores a esteroides como el receptor de la progesterona (Kato y Onouchi, 1977).

2.5.4. Proteína cinasa JAK2

La familia de la tirosina cinasa JAK2 junto con la proteína traductora y activadora de la transcripción (STAT; del inglés, signal transducer and activator of transcription), son una de las principales vías de traducción de señales activadas por citocinas tipo I e interferones, éstos últimos también llamados citocinas tipo II (Leonard y O'Shea, 1998). En mamíferos se han identificado cuatro cinasas del tipo JAK2 denominadas: JAK1, JAK2, JAK3 y TYK2. Estas son cinasas citoplásmicas con un peso molecular de entre 116 y 140 kDa, constituidas por aproximadamente 1,100 aminoácidos de longitud. Las cinasas JAK1, JAK2 y TYK2 se encuentran ampliamente distribuidas en todos los tipos celulares y se expresan de manera constitutiva; mientras que la JAK3 está más restringida a células linfohematopoyéticas y su expresión es inducible (Leonard y O'Shea, 1998).

Estructuralmente, las cinasas JAK2 tienen siete dominios JH (del inglés: JAK homology) altamente conservados. La porción carboxilo terminal de la molécula incluye dos dominios JH, el dominio JH1, el cual tiene la actividad de tirosina cinasa y el domino JH2, el cual sólo es un dominio de pseudocinasa, por lo que carece de sitios de unión para el ATP (Ihle, 2001). Los dominios JH3 y JH4, constituyen el dominio SH2 (del inglés: Src homology-2) de la molécula, que le permiten anclarse a fosfotirosinas. En la porción amino terminal contiene los dominios del JH5 al JH7, que constituyen el dominio FERM (del inglés four-point-one, ezrin, radixin, moesin) que media la interacción de la cinasa JAK2 con el receptor de citocinas (Figura 11; Leonard y O'Shea, 1998).

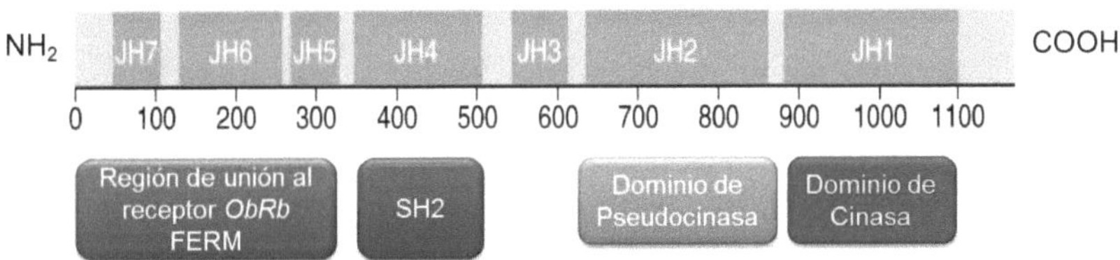

Figura 11. Estructura de la cinasa JAK2. *La cinasa JAK2 está constituida por siete regiones denominadas JH1-JH7. FERM, Región de unión al receptor ObRb; SH2, región homóloga a la cinasa Src 2. Modificado de Schindler (2002).*

La activación de la vía cinasa JAK2-STAT es iniciada después de que el ligando (citocinas o interferones) se une a su receptor anclado a la membrana celular. Esta unión induce cambios conformacionales que resultan en la homodimerización o heterodimerización del receptor (Ghoreschi *y cols.*, 2009).

Las cinasas JAK2 se asocian a los dominios citoplásmicos de los receptores de citocinas. Después de la unión del ligando con su receptor, las cinasas JAK2 son activadas, catalizando la fosforilación de residuos de tirosina en el dominio citoplásmico del receptor. Algunas de estas tirosinas pueden servir como sitios de acoplamiento para las proteínas traductoras de señales y activadoras de la transcripción, las cuales se unen a fosfotirosinas a través de su dominio SH2. Una vez unidas al dominio citoplásmico del receptor las proteínas traductoras de señales y activadoras de la transcripción son fosforiladas por las cinasas JAK2, para enseguida disociarse y formar homodímeros o heterodímeros que son translocados al núcleo y actúan entonces como factores de transcripción (Figura 12; Leonard, 2001; Ghoreschi *y cols.*, 2009).

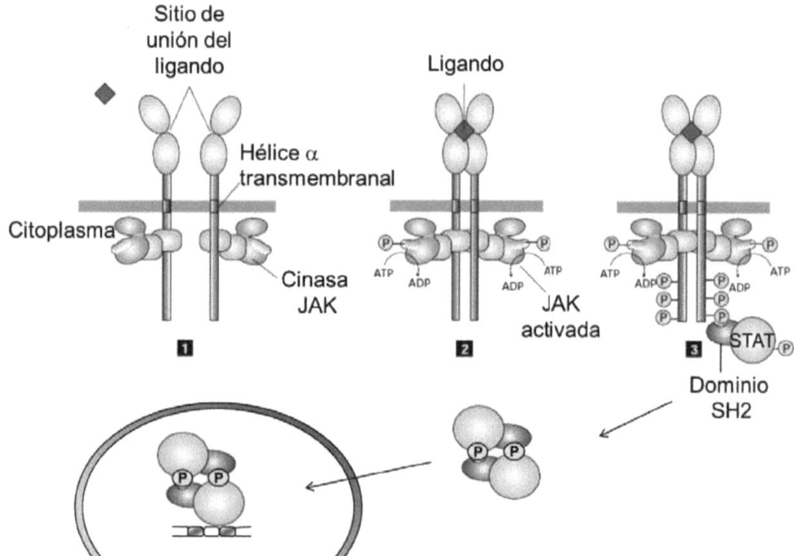

Figura 12. Vía cinasa JAK2-STAT. *Esta vía se activa por la unión de un ligando al receptor membranal de citocinas. Note que la unión del ligandon activa a través de este mecanismo a la proteína cinasa JAK2. JAK, cinasa JAK2, del inglés janus kinase; STAT, proteína traductora de señales y activadora de la transcripción, del inglés signal transducer and activator of transcription. Modificado de Lodish y cols., (2005).*

2.5.5. Proteína cinasa Src

La proteína cinasa Src cobró importancia debido a los trabajos sobre el virus del sarcoma de Rous, identificado a partir de un tumor viral en el pollo por Peyton Rous en 1911 (Martin, 2001). La proteína viral v-Src es codificada por el oncogen v-src del virus del sarcoma de Rous, causante de una forma de cáncer aviar, de tejido conectivo. Sin embargo, existe un homólogo de la v-Src en humanos y otras especies animales, la Src, la cual es codificada por un gen fisiológico (Roskoski, 2004). Esta última es una tirosina cinasa de 60 kDa (Hunter y Sefton, 1980), que a su vez es fosforilada sobre residuos de tirosina y está relacionada con la regulación del crecimiento y diferenciación celular (Ushiro y Cohen, 1980).

La estructura de la enzima muestra dos dominios conocidos como SH2 y SH3 en la porción amino terminal, que median la interacción de la enzima con otras proteínas; mientras que en la porción carboxilo terminal se localizan el dominio catalítico y un dominio regulador. Roussel *y cols.* (1991) propusieron que el dominio SH2 interactúa con tirosinas fosforiladas, lo que podría conducir a una interacción intramolecular entre el dominio SH2 y la tirosina fosforilada 527 del carboxilo terminal y en consecuencia producir un estado inactivo de la cinasa. Más tarde, Sicheri *y cols.* (1997) y Xu *y cols.* (1997) determinaron que el dominio SH2 efectivamente interactúa con la tirosina 527 fosforilada, mientras que el dominio SH3 interactúa con una secuencia rica en prolinas en la hélice II de la molécula, localizada entre el dominio SH2 y el dominio de cinasa, lo que mantiene a la molécula en un estado inactivo.

La activación de la cinasa Src requiere de la autofosforilación de la enzima en la tirosina 416 (Ushiro y Cohen, 1980) y su defosforilación de la tirosina 527, ya que como se mencionó, la fosforilación de la tirosina 527 resulta en la inactividad de la cinasa (Piwnica-Worms *y cols.*, 1987). De ésta manera, la activación de la cinasa Src ocurre bajo cuatro eventos:

1. La unión de un ligando con una tirosina fosforilada al dominio SH2.
2. La unión de otro ligando con una secuencia rica en prolinas al dominio SH3.
3. Se defosforila la tirosina 527.
4. Se fosforila la tirosina 416.

Estos eventos liberan el dominio de cinasa de la molécula, lo que le permite realizar su función catalítica (Figura 13; MacAuley y Cooper, 1989).

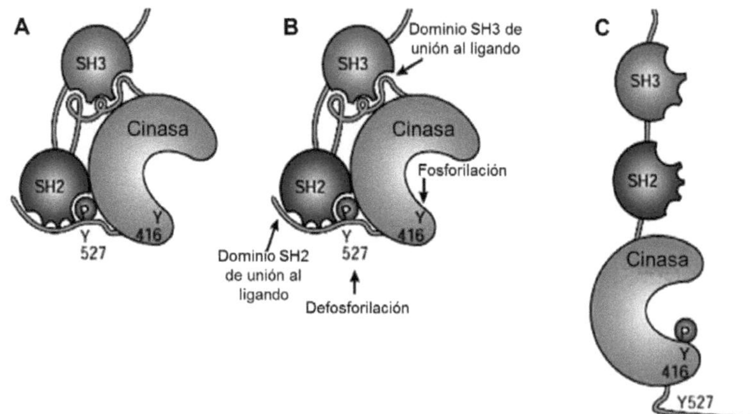

Figura 13. Activación de la cinasa Src. *En el panel **A** se muestra la conformación inactiva de la cinasa Src, en la cual la tirosina 527 interactúa con el dominio SH2, el dominio SH3 interactúa con una secuencia rica en prolinas localizada entre el dominio SH2 y el dominio catalítico. En **B** se muestran los dominios que sufren cambios para la activación de la cinasa y en **C** se muestra la conformación abierta o activa de la cinasa. Tomado de Martin (2001).*

La activación de la cinasa Src puede ocurrir por diversos estímulos que activan receptores de tirosina cinasa o receptores acoplados a proteínas G, como los β-adrenérgicos (Luttrell *y cols.*, 1999), receptores de citocinas (Wong *y cols.*, 1999) y por receptores de esteroides como el receptor membranal de la progesterona (Maller, 2001).

Una vez activada la cinasa Src fosforila sustratos localizados en el citoplasma o en las cercanías de la membrana celular, cuyo resultado final es un cambio en la conformación y en la función de los sustratos fosforilados, lo que provoca una cascada de señalización; de las cuales se han reconocido ampliamente la vía de la fosfatidil inositol 3 cinasa (PI3K), la vía de la GTPasa Ras-proteína cinasa MAPK y la de la STAT3 (Abram y Courtneidge, 2000).

2.5.6. Proteína cinasa A

El AMPc se encuentra ampliamente conservado desde las bacterias hasta los seres humanos, como el componente de un mecanismo de señalización que traduce señales extracelulares en respuestas biológicas (Berman *y cols.*, 2005).

El principal receptor para el AMPc es la proteína cinasa A (Krebs, 1993), la cual está presente siempre en el citoplasma celular. A bajas concentraciones del AMPc, la proteína cinasa A se encuentra como un tetrámero enzimáticamente inactivo, constituido por dos subunidades catalíticas unidas a un dímero de subunidades reguladoras. El incremento en la concentración del AMPc activa a la cinasa, al unirse a dos sitios de cada subunidad reguladora (Beebe y Corbin, 1986). Una vez que se han unido las cuatro moléculas de AMPc, la enzima se disocia en un dímero de subunidades reguladoras unido a cuatro moléculas de AMPc y dos subunidades catalíticas libres que fosforilan residuos de serina y treonina de proteínas específicas (Figura 14; Beebe y Corbin, 1986).

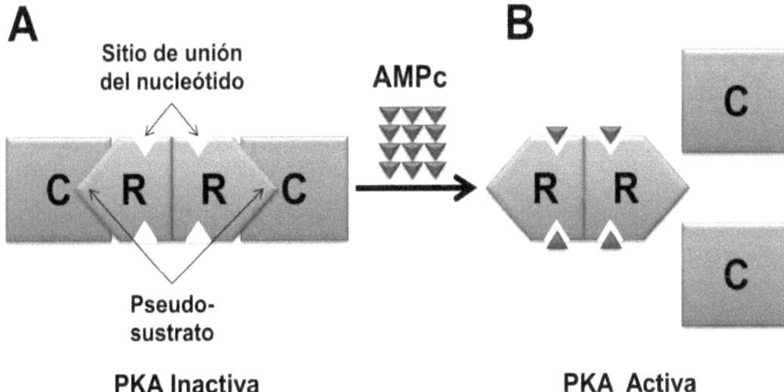

Figura 14. Activación de la proteína cinasa A por su ligando. *A bajas concentraciones de AMPc la* proteína cinasa *A se encuentra como un tetrámero intracelular inactivo (**A**). El incremento en las concentraciones de AMPc, seguido por la unión del nucleótido a las subunidades reguladoras (R) produce un cambio conformacional en estas subunidades, que permite la liberación de las subunidades catalíticas (C) activas (**B**). Modificado de Lodish y cols., (2005).*

Inicialmente se identificaron dos isoformas de la proteína cinasa A denominadas tipo I y tipo II (Corbin *y cols.*, 1975a), de las que se ha propuesto que la proteína cinasa A tipo I está ampliamente distribuida tanto en órganos internos como periféricos, normalmente en forma soluble en el citoplasma (Corbin *y cols.*, 1975b); mientras que la proteína cinasa A tipo II preferentemente se localiza en órganos periféricos (Beebe y Corbin, 1984).

Se sabe que la vía AMPc- proteína cinasa A es activada por diferentes ligandos. La unión del ligando a su receptor membranal activa proteínas G, mismas que traducen la información llevada por el ligando al activar a la enzima adenilato ciclasa, localizada en la porción interna de la membrana celular; ésta última enzima es la responsable de catalizar la síntesis del AMPc a partir del ATP (Figura 15; Nestler y Greengard, 1999).

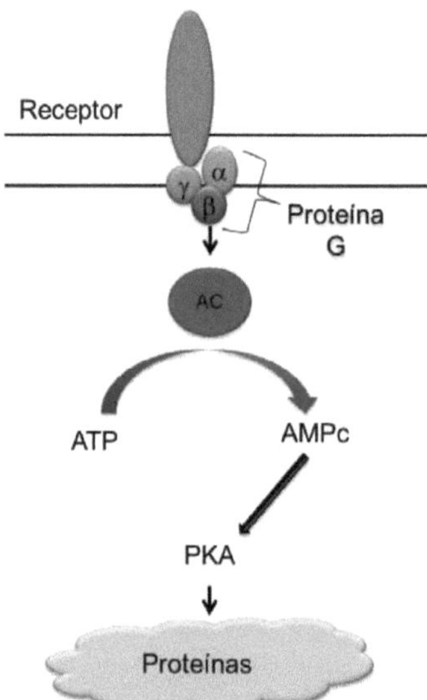

Figura 15. Vía de señalización de la proteína cinasa A. *El adenosina monofosfato cíclico (AMPc) es generado a partir de adenosina trifosfato (ATP) cuando el ligando se une a su receptor acoplado a proteínas G. La activación de las proteínas G produce la disociación de sus subunidades alfa (α) del dímero beta (β)-gama (γ) y la consecuente activación de adenilato ciclasa (AC). La AC a su vez sintetiza AMPc, que al unirse a la* proteína cinasa *A (PKA) la activa para que entonces fosforile proteínas sobre residuos de serina y treonina. Modificado de Skalhegg y Tasken (2000).*

2.5.7. Proteína cinasa C

La familia de la proteína cinasa C es un grupo de cinasas que fosforilan residuos de serina y treonina. Esta familia está ampliamente conservada en eucariontes, con presencia de una sola isoforma en *Saccharomyces cerevisiae*, cinco isoformas en *Drosophila melanogaster* y doce en mamíferos (Mellor y Parker, 1998). Inicialmente, se sugirió un alto grado de redundancia en los sustratos fosforilados por los miembros de ésta familia; sin embargo, se han identificado diferencias en los sustratos fosforilados para muchos de los miembros de la familia, lo que le da cierta especificidad (Leitges, 2007).

Todas las isoformas de la proteína cinasa C comparten un dominio carboxilo terminal altamente conservado, que se encuentra unido por una región de bisagra a un más divergente dominio regulador, localizado en la porción amino terminal (Figura 16).

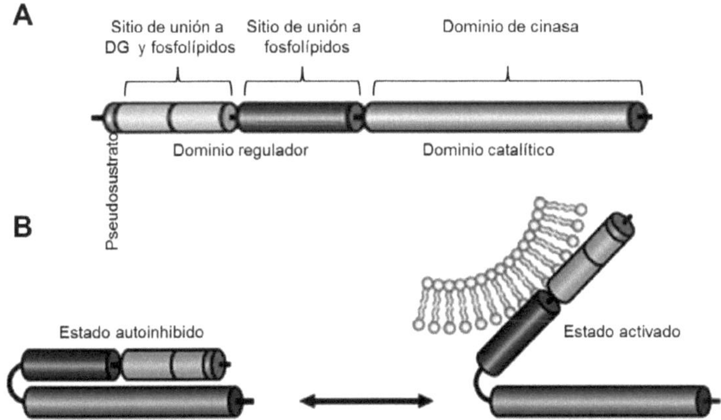

Figura 16. Estructura y activación de la proteína cinasa C. A*) En el diagrama se muestra el dominio regulador de la cinasa C, constituido por un sitio de unión a diacil glicerol (DG) y fosfolípidos y otro sitio específico de unión a fosfolípidos; además, muestra un dominio catalítico que es el dominio de cinasa.* ***B****) El estado autoinhibido de la cinasa ocurre por la unión de la región pseudosustrato al dominio catalítico; la activación de la cinasa ocurre por la ocupación del dominio regulador por DG o fosfolípidos, dejando libre y activo al dominio catalítico. Modificado de Rosse* y cols., *(2010).*

En estado inactivo la proteína cinasa C es autoinhibida por una secuencia pseudosustrato localizada en el dominio regulador, la cual ocupa la secuencia de unión al sustrato en el dominio de cinasa (Pears *y cols.*, 1990). La activación de la proteína cinasa C ocurre cuando un segundo mensajero o un efector alostérico se unen al dominio regulador. Este hecho perturba el acoplamiento del dominio regulador de la cinasa, el cual desacopla la región pseudosustrato del sitio activo, permitiendo la activación de la proteína cinasa C (Nalefski y Newton, 2001).

2.5.8. Proteína cinasa MAPK

Las proteínas cinasas activadas por mitógeno (MAPK) constituyen una familia de proteínas cinasas cuya función y regulación han sido conservadas durante la evolución, desde organismos unicelulares hasta pluricelulares como los humanos (Widmann *y cols.*, 1999).

Las cinasas activadas por mitógeno fosforilan aminoácidos específicos (serina y treonina) de proteínas específicas y regulan la actividad celular desde la expresión genética, la mitosis, movimiento, metabolismo y la apoptosis. Debido a la diversidad e importancia de las funciones reguladas por las proteínas cinasas activadas por mitógeno, éstas han sido estudiadas extensivamente para comprender su papel en la fisiología de las enfermedades humanas (Widmann *y cols.*, 1999).

La fosforilación catalizada por las proteínas cinasas activadas por mitógeno funciona como un interruptor que activa o desactiva la función de las proteínas sustrato. Estas enzimas son parte de un sistema de fosforilación compuesto de al menos tres cinasas activadas secuencialmente, y al igual que sus sustratos las cinasas activadas por mitógeno son reguladas por fosforilación (Ray y Sturgill, 1988).

En organismos pluricelulares hay tres subfamilias de proteínas cinasas activadas por mitógeno bien caracterizadas. Estas familias incluyen a las cinasas reguladas por señales extracelulares (ERK1 y ERK2; del inglés, extracellular signal-regulated kinases); las cinasas C-Jun del amino-terminal, (JNK1, JNK2 y JNK3; del inglés, c-Jun N-terminal kinases); las enzimas p38, p38α, p38β, p38γ y p38δ y una cuarta proteína cinasa MAPK, la cinasa regulada por señales extracelulares 5 (Zhou *y cols.*, 1995).

De estas familias de cinasas, la familia de las cinasas reguladas por señales extracelulares 1 y 2 están ampliamente expresadas e involucradas en la regulación de la meiosis, la mitosis y las funciones post-mitóticas en las células diferenciadas; además, muchos de los estímulos que las activan son factores de crecimiento, citocinas, ligandos que activan receptores acoplados a proteínas G, entre otros (Wu *y cols.*, 2002).

Las cinasas reguladas por señales extracelulares 1 y 2 son componentes de una secuencia mínima de tres cinasas, que incluye a las MAPK cinasa cinasa (del inglés, MAPK kinase kinase; MKKK), c-RAF1 B-RAF o A-RAF, pueden ser a su vez activadas por la GTPasa Ras (Figura 17; English y Cobb, 2002).

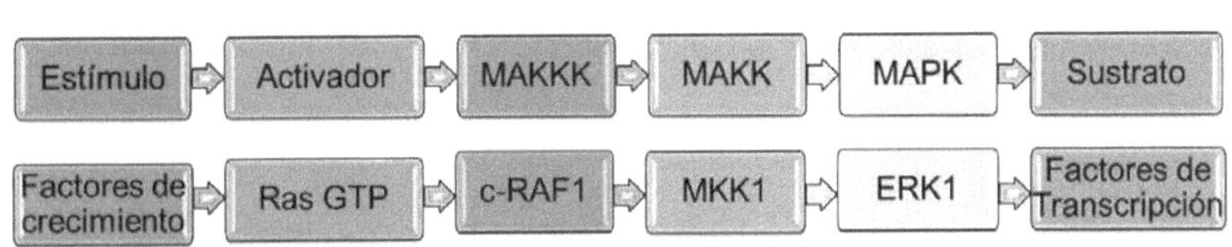

Figura 17. Vía de señalización de la proteína cinasa MAPK. *En **A** se muestra la vía representativa para el sistema de fosforilación de MAPK. En **B** se muestra un ejemplo de la vía MAPK; cada componente recibe diferentes nombres dependiendo de cada sistema. Por ejemplo, hay tres proteínas MKKK (C-RAF, B-RAF y A-RAF), dos MKKs (MKK1 y MKK2) y dos ERKs (ERK1 y ERK2). Modificado de Schaeffer & Weber (1999).*

2.5.9. El óxido nítrico como mensajero intracelular

El óxido nítrico es un poderoso gas tóxico debido a su condición de radical libre; sin embargo, tiene múltiples efectos reguladores en una variedad de tejidos y sistemas *(Xie y cols., 1992)*. El óxido nítrico está constituido por un átomo de nitrógeno y uno de oxígeno, posee un electrón libre, lo que le confiere una enorme reactividad química, es extremadamente lábil con una vida media está entre cinco y quince segundos (Bredt y Snyder, 1992). Por su naturaleza gaseosa tiene una gran capacidad de difusión a través de la membrana celular e intracelular. Una vez que el óxido nítrico ha ejercido su función, es metabolizado en presencia de oxígeno y agua a nitritos y nitratos, los cuales son excretados a través de la orina (McCann *y cols.*, 1998). El papel fisiológico del óxido nítrico como un mensajero en el sistema nervioso central fue primero sugerido por Garthwaite *y cols.* (1988), quienes en cultivos celulares de cerebelo observaron la liberación de un factor con propiedades similares a las del óxido nítrico, posteriormente se confirmó en extractos y cortes de cerebro, que dicho factor realmente era óxido nítrico.

El óxido nítrico es un inusual mensajero neuronal que cambió radicalmente el concepto de comunicación de las neuronas (Dawson y Snyder, 1994). Tras su descubrimiento fue reconocido como una molécula mensajera, ya que el glutamato al actuar sobre su receptor N-metil-D-aspartato (NMDA), en cultivos de células granulares cerebelosas, liberaba óxido nítrico (Dawson y Dawson, 1996).

El óxido nítrico es formado en el organismo por la acción de la enzima, NOS (NOS, del inglés nitric oxide synthase), la cual es activada por un incremento en las concentraciones intracelulares de calcio (Tabla 5).

Tabla 5. *Características de las isoformas de la NOS.*

nNOS Tipo I	iNOS Tipo II	eNOS Tipo III
Actividad dependiente de Ca^{2+}	Actividad independiente de Ca^{2+}	Actividad dependiente de Ca^{2+}
Se identificó inicialmente en neuronas	Se identificó inicialmente en macrófagos	Se identificó inicialmente en células endoteliales
Expresión constitutiva e inducible bajo condiciones patológicas	Expresión inducible bajo condiciones patológicas	Expresión constitutiva e inducible bajo condiciones patológicas
Juega un papel importante en los primeros estadios de la isquemia cerebral	Juega un papel importante durante los estadios tardíos de la isquemia cerebral	Juega un papel protector ante la isquemia al mantener el flujo sanguíneo
Tiempo mínimo para la expresión después de la isquemia, a los 10 minutos.	Tiempo mínimo para la expresión después de la isquemia, a las 12 horas.	Tiempo mínimo para la expresión después de la isquemia, 1 hora.
Máxima expresión después de la isquemia, a las 3 horas	Máxima expresión después de la isquemia, a las 48 horas	Máxima expresión después de la isquemia, a las 24 Hrs

nNOS, sintasa del óxido nítrico neuronal; iNOS, sintasa del óxido nítrico inducible; eNOS, sintasa del óxido nítrico endotelial. Modificado de Samdani y cols. (1997).

Se han descrito tres isoformas de la NOS debido al tejido en el cual fueron identificadas inicialmente y de ahí clonadas (Bredt y Snyder, 1994b). Se identificaron a partir de células endoteliales (Lamas *y cols.*, 1992), de neuronas (Bredt *y cols.*, 1990) y de macrófagos (Xie *y cols.*, 1992). Las isoformas neural (nNOS, tipo I) y la endotelial (eNOS, tipo III) son expresadas constitutivamente y son dependientes de la concentración de Ca^{2+} para su función; por su parte, la isoforma inmunológica o inducible (iNOS, tipo II), es expresada después de cambios inmunológicos y daño neuronal, su actividad es independiente de la concentración de Ca^{2+} (Yun *y cols.*, 1996). La expresión de la nNOS se ha identificado en neuronas del cerebelo, así como en varias regiones de la corteza cerebral (Ng *y cols.*, 1999). Sin embargo, una de las áreas cerebrales que presenta mayor expresión de NOS es el hipotálamo, particularmente en el núcleo supraóptico y en el núcleo paraventricular, que se sabe envían proyecciones a la eminencia media y al lóbulo neural de la hipófisis, el cual contiene también grandes cantidades de nNOS. Otro aspecto interesante de las sintasas del óxido nítrico es su distribución intracelular, ya que la enzima está presente a todos los niveles de la neurona (McCann y Rettori, 1996).
Las isoformas de la NOS catalizan la conversión estequiométrica de L-arginina a óxido nítrico y citrulina en presencia de oxígeno y nicotinamida adenina dinucleótido fosfato reducida, NADPH (Figura 18; Snyder, 1992).

$$\text{L-arginina} + O_2 \xrightarrow[O_2]{NADPH^+} \text{N-hidroxi-L-arginina} \xrightarrow[O_2]{NADPH^+} \text{L-citrulina} + \textbf{ON}$$

Figura 18. Biosíntesis del óxido nítrico. *El óxido nítrico se forma a partir de L-arginina en dos reacciones sucesivas. Ambas reacciones requieren nicotinamida adenina dinucleótido fosfato reducido ($NADPH^+$), oxígeno (O_2), calcio y calmodulina. ON= óxido nítrico. (Dawson y Dawson, 1996).*

Cabe señalar que el óxido nítrico, producto de dicha reacción, al ser un radical libre no se almacena en vesículas sinápticas como otros neurotransmisores, sino que es sintetizado por la NOS en respuesta a un estímulo activador (Dawson *y cols.*, 1992; Zhang y Snyder, 1995). Una vez sintetizado el óxido nítrico, activa a la guanilato ciclasa soluble (GCs), por su interacción con el grupo hemo de la enzima. Al ser activada la guanilato ciclasa soluble cataliza la síntesis de GMPc a partir de GTP (Dawson *y cols.*, 1992).

Se ha mostrado que el óxido nítrico participa en la regulación de una gran variedad de funciones, sugiriendo que podría ser uno de los principales mensajeros biológicos entre las células (Snyder y Bredt, 1992; Etgen *y cols.*, 1999).

La fosforilación por diversas proteínas cinasas como la proteína cinasa A, la proteína cinasa C y la cinasa dependiente de Ca^{2+}/calmodulina producen un decremento en la actividad de la NOS (Bredt y Snyder, 1994a). Así, la fosforilación podría sumarse a otras formas de modulación de la enzima; por ejemplo, el óxido nítrico estimula a la guanilato ciclasa soluble para formar GMPc, el cual al activar a la proteína cinasa G puede inhibir a la NOS. La Ca^{2+}/calmodulina directamente activa a la enzima; sin embargo, la fosforilación de NOS por la cinasa dependiente de Ca^{2+}/calmodulina la inhibe de la misma manera que lo hace la proteína cinasa C (Zhang y Snyder, 1995).

2.6. MECANISMOS DE ACCIÓN HORMONAL QUE REGULAN LA EXPRESIÓN DE LA CONDUCTA ESTRAL EN ROEDORES

2.6.1. Mecanismo genómico

Jensen *y cols.* (1968) utilizando la administración de estradiol marcado radioactivamente en cultivos de células de miometrio, postularon su clásico mecanismo de acción de esteroides denominado de dos pasos; el primer paso ocurría cuando el esteroide al llegar a la célula blanco atraviesa por difusión pasiva la membrana celular y se une a su receptor citoplásmico. El segundo paso ocurre cuando el complejo hormona-receptor es translocado al núcleo, en donde actúa como un factor de transcripción sobre los sitios aceptores en el ADN, para activar la maquinaria transcripcional y la subsecuente síntesis de proteínas (Figura 19).

Existen evidencias que apoyan la participación de este mecanismo para la activación de la conducta de lordosis en roedores:

1. El estradiol provoca la síntesis de proteínas, entre ellas el receptor para la progesterona (O'Malley *y cols.*, 1991).

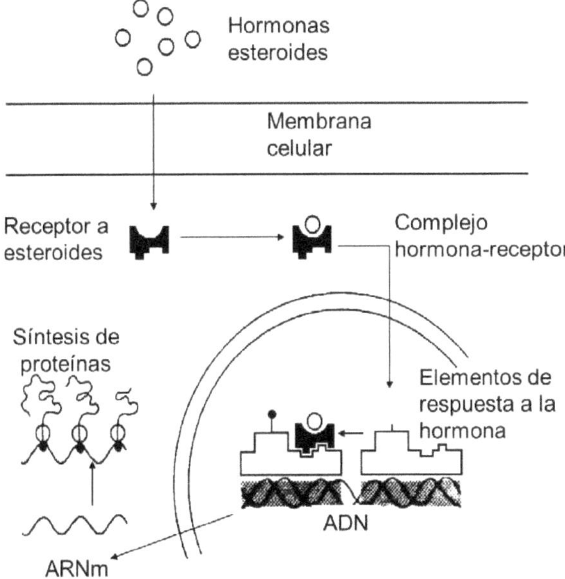

Figura 19. Mecanismo genómico propuesto por Jensen y cols. (1968). *El mecanismo sugiere que las hormonas esteroides atraviesan por difusión pasiva la membrana celular y que una vez en el citoplasma se unen a sus receptores, formando el complejo hormona-receptor, que al ser translocado al núcleo funciona como factor de transcripción. ADN, ácido desoxirribonucleico; ARNm, ácido ribonucleico mensajero. Modificada de Nock y Feder (1981).*

2. Existen largas latencias que van desde cuatro a seis horas, entre la administración sistémica de progesterona y la inducción de la conducta estral (Gorzalka y Whalen, 1977; Moralí y Beyer, 1979).
3. La administración de inhibidores de la síntesis de proteínas inhiben la conducta de lordosis inducida por progesterona (Whalen *y cols.*, 1974).
4. Existe una correlación entre la concentración de receptores para la progesterona en el hipotálamo y la expresión de la conducta estral (Etgen, 1984; Brown *y cols.*, 1987).

5. La antiprogestina RU486 bloquea la acción lordogénica de la progesterona (Brown *y cols.*, 1987; Vathy *y cols.*, 1987; González-Mariscal *y cols.*, 1989; Beyer *y cols.*, 1995).
6. La administración de una segunda dosis de progesterona, veinticuatro horas después de la primera, no induce conducta de lordosis, fenómeno denominado inhibición secuencial (Moralí y Beyer, 1979; Blaustein, 1982; González-Mariscal *y cols.*, 1993).
7. La progestina sintetica R5020 induce mayor efecto lordogénico que la progesterona, ya que tiene mayor afinidad por el receptor de la progesterona (Vathy *y cols.*, 1987).

2.6.2. Mecanismo membranal

A la par de la propuesta del mecanismo genómico para la acción de las hormonas esteroides, Kuo y Greengard (1969) propusieron que la acción de los esteroides podía ser influida por los neurotransmisores al activar a sus receptores membranales, para inducir la formación de segundos mensajeros. Inicialmente se propuso que el segundo mensajero podría ser el AMPc, que a su vez activaría a su proteína cinasa correspondiente. La cinasa activada sería translocada al núcleo y fosforilaría factores de transcripción nucleares activando la transcripción de ARNm y la síntesis de proteínas. En este mecanismo se propuso a la fosforilación de proteínas como el principal evento bioquímico (Figura 20).

Las evidencias que apoyan la participación de este mecanismo para la activación de la conducta de lordosis son:

1. Ocurre una rápida inducción de la conducta de lordosis (~15 minutos) después de la administración intravenosa de progesterona (Kubli-Garfias y Whalen, 1977), efecto que descarta un mecanismo que involucre la síntesis de proteínas.
2. Las progestinas reducidas en el anillo A (5α, 3β-pregnanolona, 5β, 3α-pregnanolona y 5α, 3α-pregnanolona), con baja o nula afinidad por el receptor a progesterona, estimulan la conducta sexual en ratas ovariectomizadas previamente estrogenizadas (Beyer *y cols.*, 1989; Beyer *y cols.*, 1995).
3. Ocurre un incremento en la concentración de AMPc durante la tarde del proestro, antes de que se active la conducta de lordosis (Kimura *y cols.*, 1980).

4. Compuestos no esteroides como la GnRH (Moss y Foreman, 1976); acetilcolina, (Dohanich *y cols.*, 1984) o la prostaglandina E_2 (Rodríguez-Sierra y Komisaruk, 1982), que ejercen sus efectos sobre receptores membranales, mimetizan los efectos lordogénicos de la progesterona en ratas pretratadas con estrógenos.

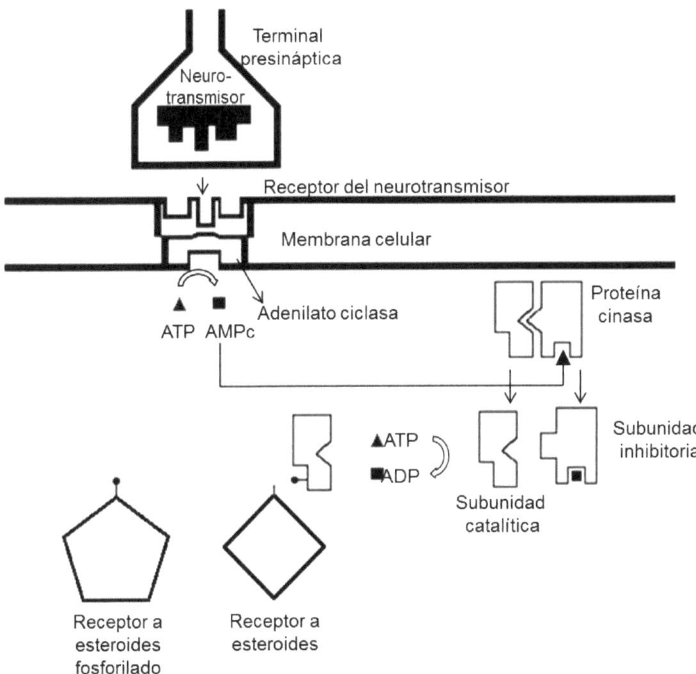

Figura 20. Mecanismo membranal, propuesto para la regulación de los receptores a esteroides por neurotransmisores. *El mecanismo propone que la señalización iniciada a nivel de la membrana es la responsable de activar los receptores intracelulares de esteroides. ATP, adenosina trifosfato; ADP, adenosina difosfato; AMPc, adenosina monofosfato cíclico. Modificada de Nock y Feder (1981).*

La fosforilación de proteínas propuesta por Kuo y Greengard (1969) explicaría porque numerosos agentes con diferentes estructuras químicas y sin afinidad por el receptor de la progesterona tienen la capacidad de estimular la conducta de lordosis, sin la necesidad de unirse directamente al receptor intracelular de la progesterona.

2.6.3. La comunicación cruzada modula la conducta estral

El grupo de Beyer *y cols.* (1980) propusieron un modelo que concilió las evidencias a favor del mecanismo genómico y membranal (Figura 21).

Este modelo consiste en los siguientes eventos: el estrógeno al llegar a las neuronas del hipotálamo, atraviesa por difusión pasiva la membrana y se difunde en el citoplasma, uniéndose a su receptor intracelular formando un complejo hormona-receptor. Este complejo es translocado al núcleo en donde al unirse a sitios aceptores del ADN actúa como un factor de transcripción, cuyo resultado es la formación de ARNm y la síntesis de proteínas, entre las que se ha señalado a los receptores para la progesterona (Brown *y cols.*, 1987). La activación de estos receptores ocurre por fosforilación, la cual puede ser inducida por agentes como la misma progesterona o bien por la prostaglandina E_2, la noradrenalina o la GnRH (Guevara-Guzmán *y cols.*, 2001; Ramírez-Orduña *y cols.*, 2007), al actuar sobre sus receptores membranales y activar cascadas de segundos mensajeros intracelulares.

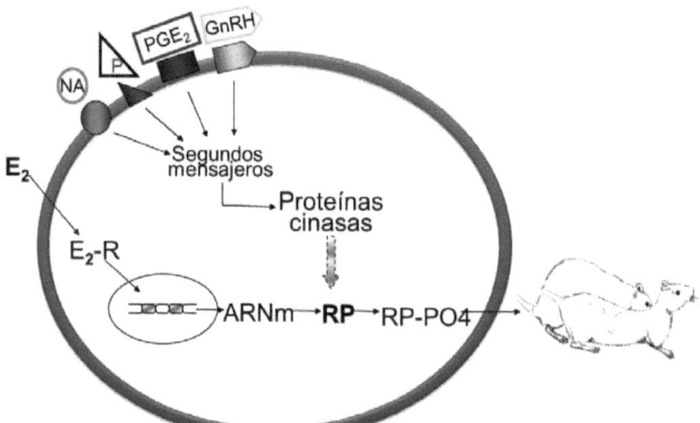

Figura 21. Modelo de comunicación cruzada entre los mecanismos membranal y genómico propuesto por Beyer y cols. (1980). *El modelo propone la activación de la conducta estral por compuestos que ejercen su efecto sobre la membrana de las células nerviosas involucradas en la activación de la conducta de lordosis.* E_2, *estrógeno;* E_2*-R, receptor de estrógeno; NA, noradrenalina; P, pregnanos;* PGE_2, *prostaglandina* E_2*; GnRH, hormona liberadora de la hormona luteinizante; ARNm, ácido ribonucleico mensajero; RP, receptor a progesterona, RP-PO4, receptor a progesterona fosforilado. Modificado de Beyer y cols. (1980).*

Las evidencias en favor de la comunicación cruzada entre el mecanismo membranal y el genómico para la activación de la conducta de lordosis son:

1. Se requiere un pretratamiento con estradiol con una duración mínima de entre 24 y 36 horas, para que la progesterona produzca su efecto facilitador sobre la conducta de lordosis (Powers, 1970).
2. Cenni y Picard (1999), en sus estudios sobre el cáncer, reportaron que la activación de diversos receptores a esteroides puede ocurrir en ausencia de su ligando, ya sea por factores de crecimiento, neurotransmisores o agentes que activan a la proteína cinasa A.
3. El efecto facilitador de la dopamina sobre la conducta sexual de la rata, fue bloqueado por la administración de las antiprogestinas (8S,11R, 13R, 14S, 17S)-11-[4- (dimetilamino) fenil] -17-hidroxi-17-(3-hidroxipropil)-13-metil-1, 2, 6, 7, 8, 11, 12, 14, 15, 16- decahidrociclopenta [a] fenantreno- 3- ona (ZK98299) y del RU 486 (Mani *y cols.*, 1996).
4. La administración del RU486 bloquea la lordosis inducida por las progestinas 5α-dihidroprogesterona, 5α,3α-pregnanolona, 5β,3α-pregnanolona y 3β,5β-pregnanolona (González-Mariscal *y cols.*, 1989; Beyer *y cols.*, 1995); así como la inducida por GnRH, prostaglandina E_2 y dbAMPc (Beyer *y cols.*, 1997). Dichos compuestos producen su efecto al activar vías de señalización intracelular y en consecuencia la activación de proteínas cinasas, sin la interacción directa con el receptor a progesterona (Mani *y cols.*, 2000; González-Flores *y cols.*, 2004b; González-Flores *y cols.*, 2006; Ramírez-Orduña *y cols.*, 2007).
5. El GMPc, facilita la conducta de lordosis en ratas ovariectomizadas previamente estrogenizadas (Fernández-Guasti *y cols.*, 1983; Chu y Etgen, 1997), a través de la activación de la MAPK, ya que el PD98059 inhibió la conducta estral inducida por el 8-bromo-GMPc (González-Flores y Etgen, 2004).
6. El AMPc media los efectos de la GnRH para la activación de la conducta de lordosis, ya que la administración de inhibidores de fosfodiesterasas (teofilina y metil isobutil xantina), prolonga la acción del AMPc al inhibir su degradación (Beyer *y cols.*, 1982).

El cruzamiento de señales a nivel del receptor de la progesterona permite no sólo la acción de factores hormonales que llegarían por vía sanguínea o del líquido cerebroespinal a las neuronas que poseen receptores para la progesterona, sino también la acción de neurotransmisores o neuromoduladores, generados por estímulos periféricos asociados al comportamiento sexual.

Actualmente se ha comprobado la existencia de la comunicación cruzada para la activación de la conducta de lordosis (Cenni y Picard, 1999; Qiu y Lange, 2003), en donde el mediador molecular común es el receptor para la progesterona, ya que integra la multitud de señales que provienen de la matriz extracelular (González-Mariscal *y cols.*, 1989; Beyer *y cols.*, 1995, 1997), al ser fosforilado por diversas cinasas para su activación (Beyer y González-Mariscal, 1986; González-Flores y Etgen, 2004; González-Flores *y cols.*, 2004a; 2004b; Lange, 2004).

2.7. VÍAS DE SEÑALIZACIÓN ASOCIADAS CON LA EXPRESIÓN DE LA CONDUCTA ESTRAL EN ROEDORES

2.7.1. Proteínas cinasas involucradas en la expresión de la conducta estral en roedores

Actualmente existe una gran batería de compuestos para estudiar las vías de señalización intracelular tanto *in vivo* como *in vitro* y en consecuencia a las proteínas cinasas involucradas (revisado en Grant, 2009). Se han utilizado ampliamente análogos de nucleótidos cíclicos, esteres de forbol y diversos inhibidores, como el isoquinolinesulfonamida (H8) que inhibe la actividad de la proteína cinasa A, la proteína cinasa G y la proteína cinasa C o el isoquinolinesulfonil (H7) que inhibe la actividad de la proteína cinasa C y la proteína cinasa A (Tokuyama *y cols.*, 1995), para estudiar la participación de las proteínas cinasas en diferentes procesos fisiológicos (Girault, 1993). Experimentos realizados *in vivo* han explorado la participación de proteínas cinasas en la regulación de la conducta estral (Mobbs *y cols.*, 1989; González-Flores *y cols.*, 2006; Frye y Walf, 2007; Ramírez-Orduña *y cols.*, 2007). Por ejemplo, la administración del RpcAMPS, el cual bloquea la conducta de lordosis inducida por progesterona y sus metabolitos reducidos en el anillo A (Mani *y cols.*, 2000; González-Flores *y cols.*, 2006) así como por la GnRH, la prostaglandina E_2 y el dibutiril AMPc en ratas pretratadas con estrógenos (Ramírez-Orduña *y cols.*, 2007), sugiere la participación del sistema de AMPc-proteína cinasa A en la regulación de la receptividad sexual.

El papel de la proteína cinasa C sobre la activación de la conducta de lordosis, ha sido estudiada con el uso de ésteres de forbol, los cuales asemejan los efectos del diacil glicerol sobre la proteína cinasa C; así, la administración de estos compuestos a ratas pretratadas con estrógenos activaron la lordosis de manera similar a la inducida por la progesterona (Mobbs *y cols.*, 1989; Kow *y cols.*, 1994a).

Otras vías de señalización intracelular también participan en la activación de la conducta estral en la rata; tal es el caso de la proteína cinasa G, ya que la administración de análogos del GMPc (Fernández-Guasti *y cols.*, 1983) o el 8-bromoguanosina 3′,5′- monofosfato cíclico (8-bromo-GMP) facilitan la lordosis, mientras que inhibidores de esta enzima, como el (9S,10R,12R)-2,3,9,10,11,12-hexahidro-10-metoxi-2,9-dimetil-1-oxo-9,12-epoxi- 1H-diindol [1,2,3-fg:3',2',1'-kl] pirrolo[3,4-i] [1,6] benzodiazocina-10- ácido carboxílico, metil ester (KT5823) la bloquean (Chu y Etgen, 1997; Chu *y cols.*, 1999; González-Flores y Etgen, 2004; González-Flores *y cols.*, 2004b). Además, se ha mostrado la participación de la proteína cinasa MAPK sobre la expresión de la conducta estral inducida por diversos compuestos químicos en la rata. De esta manera, la administración intracerebroventricular del inhibidor de esta enzima, el 2-(2-amino-3-metoxifenil) -4H-1- benzopiran -4-ona (PD98059), bloqueó la conducta estral inducida por progestinas, péptidos, prostaglandinas y la inducida por estimulación vaginal (Etgen y Acosta-Martínez, 2003; González-Flores *y cols.*, 2004b; Acosta-Martínez *y cols.*, 2006; González-Flores *y cols.*, 2009).

Finalmente, con el uso del 4-amino-5-(4-chlorofenil)-7-(t-butil)pirazolo[3,4-d]pirimidina (PP2), un inhibidor selectivo de la cinasa Src, se ha determinado que esta proteína cinasa es un regulador de la expresión de la conducta estral en el modelo de la rata ovariectomizada, pretratada con estrógenos; ya que la administración de dicho inhibidor disminuyó la expresión de la conducta de lordosis inducida por la progesterona y por los metabolitos 5α-dihidroprogesterona y 5α,3α-pregnanolona (González-Flores *y cols.*, 2010).

2.7.2. La vía del óxido nítrico regula la expresión de la conducta estral en roedores

Las neuronas productoras de óxido nítrico han sido localizadas utilizando métodos histoquímicos e inmunohistoquímicos, en diversas partes del sistema nervioso central de diferentes especies, incluyendo al sistema olfatorio, la corteza cerebral, el diencéfalo, el tallo cerebral, el cerebelo y la médula espinal (Gotti *y cols.*, 2005; Panzica *y cols.*, 2006). De manera particular la inmunorreactividad para la NOS en tejido nervioso fue descrita en núcleos hipotalámicos y límbicos de roedores (Figura 22; Hadeishi y Wood, 1996; Ng *y cols.*, 1999). Además, muchos de estos núcleos están implicados en el control de la reproducción; por ejemplo, el núcleo preóptico medio, el núcleo paraventricular, el núcleo supraóptico, el núcleo arqueado, el núcleo ventromedial, el núcleo del lecho de la estría terminal y el complejo amigdaloide (Gotti *y cols.*, 2005).

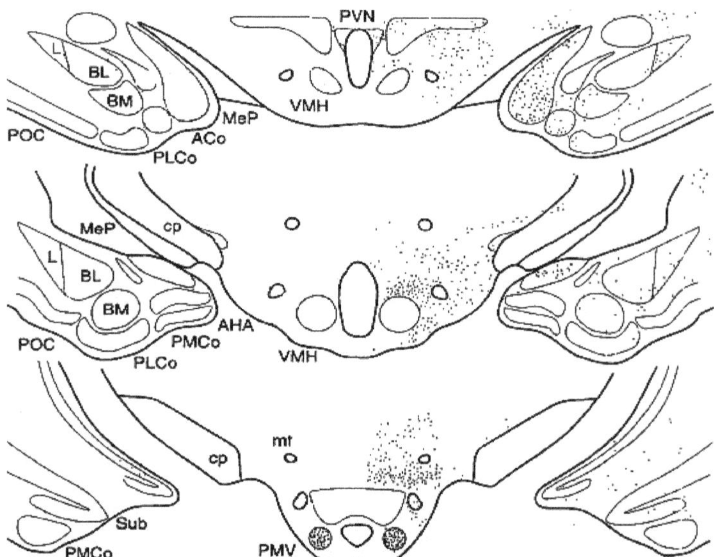

Figura 22. Distribución de neuronas inmunorreactivas para la NOS en cerebro de hámster. *Note que existen poblaciones importantes de neuronas marcadas en el área hipotalámica. ACo, núcleo cortical anterior de la amígdala; AHA, área amigdalohipocampal; BL, núcleo basolateral de la amígdala; BM, núcleo basomedial de la amígdala; cp, pedúnculo cerebral; L, núcleo lateral de la amígdala; MeP, subdivisión posterior del núcleo amigdaloide medial; mt, tracto mamilotalámico ; PLCo, núcleo cortical posterolateral de la amígdala; PMCo, núcleo posteromedial cortical de la amígdala; PMV, núcleo premamilar ventral; POC, corteza olfatoria primaria; Sub, subículo; VMH, núcleo ventromedial del hipotálamo. Modificado de Hadeishi y Wood (1996).*

Sica *y cols.* (2009) determinaron en ratones carentes del receptor α del estrógeno (ERα), que existía una disminución significativa de la inmunorreactividad de nNOS en el área preóptica media, el núcleo paraventricular y el núcleo arqueado. Por su parte Scordalakes *y cols.*, (2002), reportaron que en ratones con mutación, para el receptor a estrógenos α, para el receptor a andrógenos o para ambos, que la existencia de los receptores a estrógeno α esta correlacionada con una mayor inmunorreactividad para nNOS, así como un mayor inmunomarcaje para la misma enzima en el área preóptica, bajo el tratamiento de testosterona y estradiol; lo que sugiere que el receptor a estrógenos α y el receptor a andrógenos interactúan para regular a la nNOS en el cerebro de machos como en el cerebro de hembras de una manera sitio-específica.

Sica *y cols.* (2009), determinaron además que la expresión de nNOS en regiones hipotalámicas involucradas en el control de la reproducción en hembras de ratón, se encuentra bajo control de hormonas gonadales, ya que la expresión de nNOS varía de acuerdo con los niveles hormonales que se producen durante el ciclo estral. Así, observaron un incremento en la inmunorreactividad de nNOS durante el estro en el área preóptica, mientras que durante el proestro el incremento se registró en el núcleo arqueado. Sin embargo, dichos cambios no ocurrieron en la porción ventrolateral del núcleo ventromedial, ni en el núcleo del lecho de la estría terminal en ninguna etapa del ciclo estral.

Por otra parte se conoce que el óxido nítrico activa la liberación de GnRH permitiendo la expresión del reflejo de lordosis (Mani *y cols.*, 1994a); mientras que en los ovarios, el óxido nítrico a través de inducir la síntesis de GMPc produce la ovulación (McCann *y cols.*, 1999; McCann *y cols.*, 2003). En el mismo modelo de la rata hembra se ha determinado que la vía del óxido nítrico-GMPc-proteína cinasa G, está involucrada en la activación de la conducta de lordosis inducida por progesterona y algunos de sus metabolitos reducidos en el anillo A (González-Flores y Etgen, 2004); así como la inducida por GnRH, prostaglandina E_2 y el dibutiril AMPc (González-Flores *y cols.*, 2009).

Por su parte Mani y cols., (1994a), determinaron que el tratamiento con inhibidores competitivos de la nNOS atenúan la lordosis inducida por progesterona; mientras que la administración de un donador de óxido nítrico facilita la conducta estral;, efecto que es bloqueado por la administración de un anticuerpo específico para la GnRH. Estos resultados indican que el óxido nítrico activado por la progesterona induce la liberación de GnRH para la activación de la conducta sexual de la hembra como se ilustra en la Figura 23.

Finalmente, el efecto del óxido nítrico sobre las conductas reproductivas es mediado por la noradrenalina (Hull *y cols.*, 1999), a través de la activación del receptor adrenérgico $\alpha 1$, el cual a través de la vía óxido nítrico-GMPc-proteína cinasa G, median la expresión de la conducta de lordosis inducida por la monta del macho (Chu y Etgen, 1997) o por la estimulación vaginocervical (González-Flores *y cols.*, 2007).

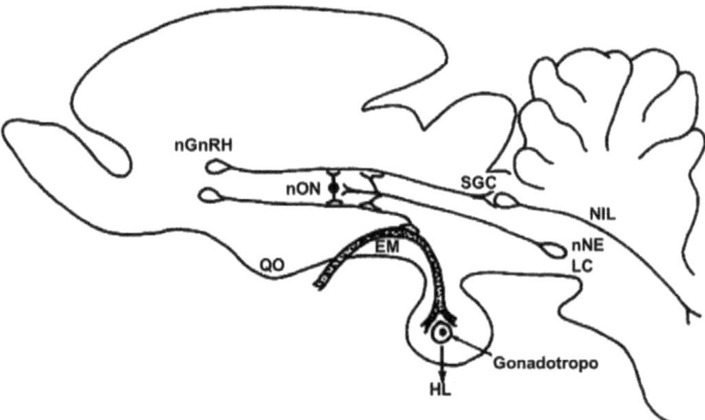

Figure 23. Papel del óxido nítrico en la liberación de hormona luteinizante y la activación de la conducta estral. *Las neuronas liberadoras de norepinefrina (nNE) del locus coeruleus (LC) interactúan con interneuronas liberadoras de óxido nítrico (nON) y terminales de neuronas liberadoras de GnRH (nGnRH), en donde las nON por acción del óxido nítrico, inducen la liberación de GnRH y hormona luteinizante (HL). SGC, Sustancia gris central; NIL, Neuronas inductoras de la lordosis; EM, eminencia media; QO, Quiasma óptico. Modificado de Mani* y cols., *(1994a).*

2.7.3. Vías de señalización reguladas por la leptina

Las funciones de la leptina sobre sus tejidos blanco, ocurren a través de la activación de diversas vías de señalización. El *ObRb* se une a la cinasa JAK2 (Ghilardi y Skoda, 1997), a través del motivo denominados como Box1 y los aminoácidos circundantes (Bahrenberg *y cols.*, 2002).

La asociación de la proteína cinasa JAK2 ocurre de manera no covalente y una vez que se activa fosforila numerosos residuos de tirosina sobre el dominio citoplásmico del receptor, los cuales sirven de sitio de unión para la proteína traductora y activadora de la transcripción, que al ser fosoforilada se activa y es translocada al núcleo para iniciar la transcripción (véase Figura 24; Sweeney, 2002).

Particularmente, se ha estudiado el papel que juega la fosforilación de las tirosinas 985, 1077 y 1138, en la señalización activada por la leptina. Se ha determinado que la tirosina 985 es requerida para la activación de la vía de la proteína G Ras-cinasa RAF-cinasa regulada por señales extracelulares, debido a que la fosforilación de dicho aminoácido crea un sitio de unión para el dominio homólogo 2 de la Src del factor de intercambio de nucleótidos de guanina Grb-2 (del inglés growth factor receptor binding-2; Banks, 2004). De esta manera, la activación de la cinasa regulada por señales extracelulares produce la máxima activación de la proteína traductora y activadora de la transcripción 3 (O'Rourke y Shepherd, 2002). Aunque la tirosina 985 media la mayor parte de la señalización de la cinasa regulada por señales extracelulares, ésta vía es también estimulada por la fosforilación y activación de cinasa JAK2 (Bjorbaek *y cols.*, 2001).

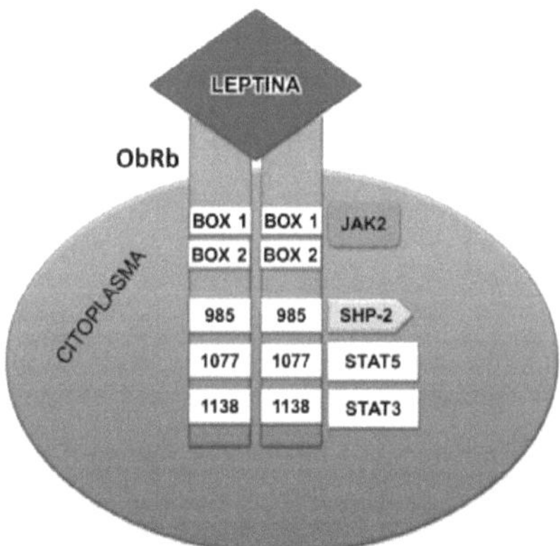

Figura 24. Estructura del dominio citoplásmico del receptor ObRb de la leptina y moléculas asociadas a éste dominio. *La proteína JAK2 se asocia de manera no covalente al receptor en el motivo BOX1 (aminoácidos intracelulares 6-17). El motivo BOX2 (aminoácidos intracelulares 49-60) es requerido para una activación máxima de JAK2. Las tirosina 985, 1077 y 1138 están altamente conservadas en el dominio citoplásmico y se han identificado como específicas para la activación de la tirosina fosfatasa 2 (SHP-2) y de la STAT 3 y 5 (STAT3, STAT5). Modificado de Ceddia (2005).*

La activación de tirosina 1077 ha sido reconocida como el único aminoácido intracelular necesario para inducir la fosforilación y activación de la proteína traductora y activadora de la transcripción 5; mientras que la tirosina 1138 es esencial para la activación de la proteína traductora y activadora de la transcripción 1 y la proteína traductora y activadora de la transcripción 3 (Hekerman *y cols.*, 2005), mientras que la mutación de esta tirosina produce ratones hiperfágicos y obesos (Bates y Myers, 2003).

Una vez activada la vía de la cinasa JAK2-STAT, se activan otras vías de señalización intracelulares, como la vía de la proteína G Ras-cinasa RAF-proteína cinasa MAPK. Así, se ha observado que la administración de leptina por vía intravenosa a ratas, incrementa considerablemente la fosforilación de la proteína cinasa MAPK en tejido adiposo y en el hígado (Kim *y cols.*, 2000), así como en células β pancreáticas (Morton *y cols.*, 1999), en células musculares (Berti y Gammeltoft, 1999) y en el oviducto de la coneja (Mehebik *y cols.*, 2005).

Por otra parte, la participación de la vía AMPc-proteína cinasa A como mediadora de los efectos producidos por la leptina en el tejido adiposo, se determinó a través de la administración de leptina en cultivos celulares de adipocitos en los cuales induce lipólisis (Fruhbeck *y cols.*, 1998), mientras que la administración del inhibidor de la proteína cinasa A, el N- [2-(p-bromocinamilamino) etil] -5-isoquinolinesulfonamida di-clorhidrato (H89), bloqueó dicho efecto (Fruhbeck *y cols.*, 2001). En el oviducto de la coneja, la leptina activa a la proteína cinasa A (Mehebik *y cols.*, 2005) y a la proteína cinasa G, las cuales fosforilan y activan a la óxido nítrico sintasa, que una vez activada induce la síntesis de prostaglandinas (Zerani *y cols.*, 2005).

El estudio de la participación de la proteína cinasa C como mediadora de los efectos fisiológicos de la leptina en cultivos celulares, sugiere una doble función de esta cinasa, ya que la liberación de insulina a partir de células β de islotes pancreáticos, producida por la estimulación de la proteína cinasa C, es disminuida por la administración de la leptina (Chen y Romsos, 1997); de igual manera, la capacidad de la leptina para disminuir la secreción de insulina inducida por glucosa, fue correlacionada con la disminución en la actividad de la proteína cinasa C (Ookuma *y cols.*, 1998). Los efectos activadores de la leptina sobre la proteína cinasa C, se determinaron *in vitro*, ya que la invasión de células epiteliales de colon estimulado por la leptina, fue bloqueado por la administración de inhibidores de la proteína cinasa C (Attoub *y cols.*, 2000).

Otra cinasa que se ha estudiado como mediadora de los efectos de fisiológicos de la leptina es la cinasa Src, que se sabe media el efecto protector de la leptina en contra de la citotoxicidad inducida por etanol en glándulas acinares salivales y células de la mucosa gástrica, ya que en estos modelos celulares cuando se administró el PP2, el efecto protector de la leptina no se produjo (Slomiany y Slomiany, 2008a, b).

Finalmente, la vía del óxido nítrico-GMPc, media los efectos fisiológicos de la leptina. Así, la administración de leptina a ratas Wistar incrementa las concentraciones de óxido nítrico en el plasma (Fruhbeck, 1999); mientras que la administración central de leptina previene la reducción de ácido ribonucleico mensajero de la enzima NOS en el núcleo paraventricular y el núcleo supraquiasmático del hipotálamo, producido por el ayuno (Isse *y cols.*, 1999). Por su parte, Yu y cols., (1997b; 1997c) determinaron que la administración de leptina en el tercer ventrículo incrementa las concentraciones plasmáticas de hormona luteinizante, así como la liberación de óxido nítrico, al activar a la NOS en el hipotálamo basal y en la hipófisis anterior, resultados que son apoyados por los resultados obtenidos por Ogura *y cols.* (2001), ya que la administración de leptina en cultivos de células hipofisiarias, también indujeron la liberación de hormona luteinizante y de la hormona estimulante de los folículos.

Por otra parte, la administración de leptina, en líneas celulares de macrófagos de ratón (Vecchione *y cols.*, 2002), así como en cultivos de células endoteliales (Winters *y cols.*, 2000), incrementó la síntesis de óxido nítrico. Mientras que en cultivos celulares de hipófisis bovina el péptido a través del óxido nítrico induce la liberación de GnRH (Kosior-Korzecka y Bobowiec, 2006). Por su parte Reynoso *y cols.* (2007), determinaron que la administración de un inhibidor de la NOS, en tejido del área preóptica e hipotálamo medio basal, de ratas prepúberes y peripúberes, bloquea la liberación de GnRH inducida por la leptina.

3. HIPÓTESIS

La conducta de lordosis inducida por la administración intracerebroventricular de leptina es regulada a través de la vía del óxido nítrico, por las proteínas cinasas: JAK2, la Src, las proteínas cinasas A, C y la MAPK.

4. OBJETIVOS

4.1. OBJETIVO GENERAL

Estudiar la participación de diferentes vías de señalización intracelular involucradas en la regulación de la conducta estral inducida por la leptina, en la rata ovariectomizada pretratada con estrógenos.

4.2. OBJETIVOS ESPECÍFICOS

1. Confirmar el efecto de la administración central de leptina, sobre la expresión de la conducta de lordosis, en el modelo de la rata ovariectomizada pretratada con estrógenos.
2. Estudiar la participación de la vía óxido nítrico - guanilato ciclasa - proteína cinasa G, en la expresión de la conducta de lordosis inducida por la leptina en la rata hembra pretratada con estradiol.
3. Explorar la participación de la proteína cinasa JAK2, en la expresión de la conducta de lordosis inducida por la leptina en la rata hembra pretratada con estradiol.
4. Evaluar la participación de la proteína cinasa Src, en la expresión de la conducta de lordosis inducida por la leptina en la rata hembra pretratada con estradiol.
5. Determinar el papel de las proteínas cinasas A y C, en la expresión de la conducta de lordosis inducida por la administración de la leptina en la rata.
6. Determinar el papel de la proteína cinasa MAPK, en la expresión de la conducta de lordosis inducida por la leptina en la rata.

5. MATERIALES Y MÉTODOS

5.1. CARACTERÍSTICAS DE LOS ANIMALES

Se utilizaron 199 ratas hembra de la cepa Sprague-Dawley, con un peso de entre 200 a 250g, de la colonia del Centro de Investigación en Reproducción Animal, CINVESTAV-Universidad Autónoma de Tlaxcala, laboratorio Panotla, Tlaxcala. Los animales se mantuvieron a una temperatura de 23 $\pm$ 2^{0}C, con un ciclo invertido de luz-obscuridad (14:10, la luz se apaga a las 10:00h) y fueron alimentados con nutricubos Purina (Purina, México) y agua a libre acceso.

5.2. CIRUGÍAS

Las hembras fueron ovariectomizadas bilateralmente bajo anestesia con xilacina (120 mg/kg) y ketamina (80 mg/kg) por vía intraperitoneal. Una semana después, las hembras fueron implantadas con una cánula guía de acero inoxidable (calibre 22, de 17 mm de longitud) dirigida al ventrículo cerebral derecho, mediante cirugía estereotáxica, bajo el mismo protocolo de anestesia que la ovariectomía y siguiendo las coordenadas del atlas de Paxinos y Watson (2006; anterior-posterior +0.80 mm, mediolateral -1.5 mm, dorsoventral -3.5 mm, con respecto a bregma). Al finalizar la cirugía, cada hembra recibió una dosis de penicilina (800 UI, s.c.) y fue alojada en una caja de acrílico individual de 27X17.5X15 cm para su recuperación.

5.3. FÁRMACOS

El benzoato de estradiol, la leptina, el bisindolilmaleimida (inhibidor de la proteína cinasa C) y el 2-ciano -3- (3,4-dihidroxifenil) -N- (benzil) -2- propenamida, 2-ciano -3- (3,4-dihidroxifenil) -N-(fenilmetil) -2-propenamida, AG490 (inhibidor de la JAK2) se obtuvieron de Sigma-Aldrich (St. Louis, MO, EUA). El KT5823 (inhibidor de la proteína cinasa G), el PD98059 (inhibidor de la proteína cinasa MAPK) y el PP2 (inhibidor de la cinasa Src), se obtuvieron de Calbiochem (La Jolla, CA, EUA). El L-NAME (inhibidor de la NOS) y el (R)-Adenosina, cíclico 3',5'- (hidrogenfosforotioato) trietilamonio RpcAMPS (inhibidor de la proteína cinasa A) se obtuvieron de RBI (Natick, MA, EUA); finalmente, el 1H- [1, 2, 4] oxadiazolo [4,3-a] quinoxalin-1-ona, ODQ (inhibidor de la guanilato cíclasa soluble), se obtuvo de Tocris Cookson (St. Louis, MO, EUA). El benzoato de estradiol fue disuelto en aceite de girasol a una concentración de 50μg/ml. La leptina fue disuelta en Tris (10 mM, pH=8), a dos concentraciones 1 y 3 μg/μl. En dimetilsulfóxido (DMSO) al 10%, se disolvieron el ODQ (22 μg/μl), el KT5823 (0.12 μg/μl), el AG490 (5 μg/μl), el PP2 (30 μg/μl) y el PD98059 (3 μg/μl). En solución salina estéril se prepararon el L-NAME (500 μg/μl), el RpcAMPS (200 ng/μl) y el bisindolilmaleimida (35 μg/μl). Con excepción del benzoato de estradiol, que se administró en 0.1ml por vía subcutánea, todos los compuestos fueron administrados, en un volumen de 1μl, con una jeringa Hamilton de 10 μl, a través de la cánula implantada en el ventrículo cerebral derecho.

Las dosis de leptina se basaron en los experimentos dosis-respuesta realizados en nuestro laboratorio (García-Juárez *y cols.*, 2011). Las dosis de L-NAME, ODQ y KT5823, se basaron en trabajos de Etgen y González-Flores (Chu y Etgen, 1997; Chu *y cols.*, 1999; González-Flores y Etgen, 2004; González-Flores *y cols.*, 2009). La dosis de PD98059 se basó en los trabajos del grupo de Etgen (Chu y Etgen, 1997; Chu *y cols.*, 1999). Las dosis de RpcAMPS y PP2 se basaron en trabajos realizados en nuestro laboratorio (González-Flores *y cols.*, 2006; González-Flores *y cols.*, 2010). La dosis de AG490 se obtuvo a partir del trabajo de Yang y cols. (2008). Finalmente, la dosis de bisindolilmaleimida se seleccionó a partir del trabajo realizado por Frye y Walf (2007).

5.4. EVALUACIÓN DE LA CONDUCTA ESTRAL

Las hembras fueron sometidas a pruebas de conducta sexual dentro de arenas circulares de Plexiglás de 60cm de diámetro con machos sexualmente expertos, una, dos y cuatro horas después de la administración de la leptina. La prueba duró hasta que la hembra recibió diez montas vigorosas por parte del macho y la receptividad sexual fue evaluada a través del cociente de lordosis [CL = (No. de lordosis / No. de montas) (100)] y la intensidad de la lordosis [IL = (Intensidad de la lordosis / No. de montas) (10)], siguiendo la metodología propuesta por Hardy y DeBold (1972) y Pfaff (1980).

5.5. COMPROBACIÓN DEL ÁREA DE IMPLANTE

Al finalizar las pruebas, las hembras fueron sacrificadas por inhalación de éter. Enseguida se inyectó un colorante (azul de metileno al 2%) a través de la cánula y se procedió a extraer el cerebro en fresco. Inmediatamente después se le practicó un corte transversal a la altura del orificio dejado por la cánula. De esta manera se comprobó si la cánula se encontraba localizada adecuadamente en el ventrículo cerebral derecho.

5.6. PROCEDIMIENTO EXPERIMENTAL

Una semana después del implante de una cánula de acero inoxidable, cada hembra recibió una inyección s.c. de benzoato de estradiol (5 µg/0.1ml). Una vez transcurridas 39.5 horas de la administración de estrógeno, las hembras recibieron el inhibidor de la proteína cinasa correspondiente o su vehículo y media hora más tarde alguna de las dos dosis de leptina empleadas en este trabajo (1 ó 3 µg).

5.6.1. Experimento 1. *Efecto de la administración de 1 y 3 µg de leptina por vía intracerebroventricular, en la expresión de la conducta de lordosis inducida por la leptina en la rata*

El protocolo para este experimento fue el mismo que se describió en el diseño experimental. El grupo tratado con Tris (n=10) fue el grupo control negativo para todos los experimentos. Los grupos tratados con DMSO más 1µg de leptina (n=8) y DMSO más 3 µg de leptina (n=9), fueron los controles positivos para los experimentos en que el inhibidor fue disuelto en DMSO. Los grupos tratados con solución salina más 1µg de leptina (n=10) y solución salina más 3µg de leptina (n=11), fueron los controles positivos para los experimentos en que el inhibidor fue disuelto en solución salina.

5.6.2. Experimento 2. *Efecto de la administración de L-NAME, ODQ y KT5823, inhibidores de la vía del óxido nítrico, en la expresión de la conducta de lordosis inducida por la leptina en la rata*

El protocolo para este experimento fue el mismo que se describió en el diseño experimental. Los grupos experimentales fueron: L-NAME más 1 µg de leptina (n=11); L-NAME más 3 µg de leptina (n=11); ODQ más 1 µg de leptina (n=8); ODQ más 3 µg de leptina (n=8); KT5823 más 1 µg de leptina (n=9) y KT5823 más 3 µg de leptina (n=10).

5.6.3. Experimento 3. *Efecto de la administración del AG490, inhibidor de la proteína cinasa JAK2, en la expresión de la conducta de lordosis inducida por la leptina en la rata*

El protocolo para este experimento fue el mismo que se describió en el diseño experimental. Los grupos experimentales fueron: AG490 más 1 µg de leptina (n=9) y AG490 más 3 µg de leptina (n=9). La conducta sexual de cada hembra se evaluó como fue descrito antes.

5.6.4. Experimento 4. *Efecto de la administración de PP2, inhibidor de la proteína cinasa Src, en la expresión de la conducta de lordosis inducida por la leptina en la rata*

El protocolo para este experimento fue el mismo al descrito en el diseño experimental. Los grupos experimentales fueron: PP2 más 1 µg de leptina (n=9) y PP2 más 3 µg de leptina (n=9). La conducta sexual de cada hembra se evaluó como fue descrito antes.

5.6.5. Experimento 5. *Efecto de la administración de RpcAMPS y bisindolilmaleimida, inhibidores de las proteínas cinasas A y C, respectivamente, en la expresión de la conducta de lordosis inducida por la leptina en la rata*

El protocolo para este experimento fue el mismo que se describió en el diseño experimental. Los grupos experimentales fueron: RpcAMPS más 1 µg de leptina (n=9); RpcAMPS más 3 µg de leptina (n=10); bisindolilmaleimida más 1 µg de leptina (n=10) y bisindolilmaleimida más 3 µg de leptina (n=9). La conducta sexual de cada hembra se evaluó como fue descrito antes.

5.6.6. Experimento 6. *Efecto de la administración del PD98059, inhibidor de la proteína cinasa MAPK, en la expresión de la conducta de lordosis inducida por la leptina en la rata*

El protocolo para este experimento fue el mismo que se describió en el diseño experimental. Los grupos experimentales fueron: PD98059 más 1 µg de leptina (n=10) y PD98059 más 3 µg de leptina (n=10). La conducta sexual de cada hembra se evaluó como fue descrito antes.

5.7. ANÁLISIS ESTADÍSTICO

Los datos fueron analizados mediante el programa SYSTAT versión 5.04 (SYSTAT, Inc. Evaston, IL, EUA). Debido a que los datos no presentaron una distribución normal, inicialmente se aplicó una prueba de análisis de varianza, seguida de la prueba de la U de Mann-Whitney, comparando los grupos tratados con alguna de las dosis de leptina más el inhibidor, contra aquellos tratados con la misma dosis de leptina más el vehículo del inhibidor (Siegel y Castellan, 1995). Los resultados con una $P<0.05$ fueron considerados como significativos. Los resultados en todas las gráficas se expresan como la media más el error estándar.

6. RESULTADOS

6.1. RESULTADOS EXPERIMENTO 1. EFECTO DE LA ADMINISTRACIÓN DE 1 Y 3 μg DE LEPTINA POR VÍA INTRACEREBROVENTRICULAR, EN LA EXPRESIÓN DE LA CONDUCTA DE LORDOSIS INDUCIDA POR LA LEPTINA EN LA RATA

En la Figura 25 se ilustra el efecto de la administración de leptina, 1 y 3μg más DMSO, sobre el cociente (Figura 25A) y la intensidad (Figura 25B) de la lordosis. En la Figura 25A las barras con líneas diagonales muestran que la administración de 1μg de leptina indujo un incremento significativo en el cociente de lordosis a los tres tiempos probados ($P<0.001$), con respecto al grupo control que sólo recibió 5μg de benzoato de estradiol en el pretratamiento y Tris (solvente de la leptina) a las cuarenta horas. El efecto inductor de la leptina también se observó para el parámetro de la intensidad de la lordosis, ya que el grupo que recibió 1μg de leptina presentó un incremento en la intensidad de ésta conducta a los tres tiempos probados ($P<0.001$).

Para el caso de la dosis de 3μg de leptina más DMSO, se observa que ésta dosis del péptido indujo un incremento significativo en el cociente de lordosis a los tres tiempos probados ($P<0.001$). El efecto producido por ésta dosis de la leptina sobre la intensidad de la lordosis es muy semejante al observado para el cociente la lordosis, ya que el péptido indujo un incremento significativo una hora después de su administración, comparado con el obtenido en el grupo control ($P<0.05$), tanto a las dos como a las cuatro horas post-inyección ($P<0.01$).

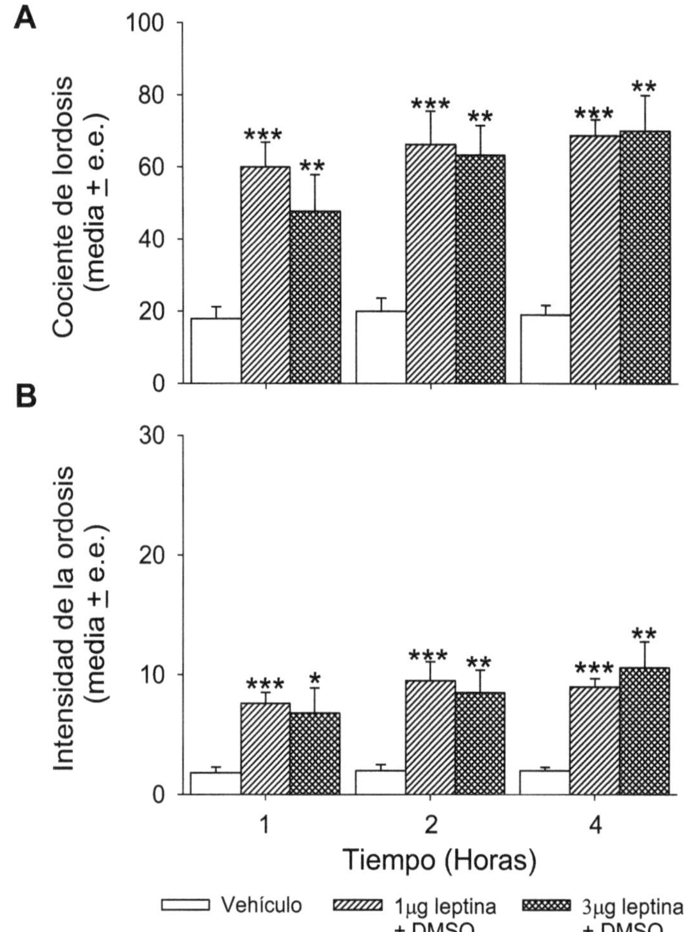

Figura 25. Efecto de la administración de 1 y 3μg de leptina más DMSO sobre el cociente (A) y la intensidad (B) de la lordosis. *La leptina indujo un incremento significativo a los tres tiempos probados para ambas dosis, comparado con el grupo que sólo recibió el vehículo de la leptina (Tris). Los asteriscos sobre las barras que representan a los grupos que recibieron sólo a la leptina indican su comparación con el grupo independiente que recibió sólo el vehículo de la leptina. Prueba de la U de Mann-Whitney. *P<0.05; **P<0.01; ***P<0.001.*

En la Figura 26 se ilustra el efecto de la administración de leptina, 1 y 3µg mas solución salina, sobre el cociente (Figura 26A) y la intensidad (Figura 26B) de la lordosis. En la Figura 26A, se muestra que la administración de 1µg de leptina indujo un incremento significativo en el cociente de lordosis tanto a la hora ($P<0.01$) como a las dos ($P<0.001$) y a las cuatro horas ($P<0.05$) en que fue evaluada la expresión de la conducta sexual, con respecto al grupo control, el cual sólo recibió 5µg de benzoato de estradiol en el pretratamiento y Tris a las cuarenta horas. El efecto inductor de la leptina también se observó para el parámetro de la intensidad de la lordosis, ya que el grupo que recibió 1µg de leptina presentó el mismo patrón de incremento en la intensidad, como en el caso del cociente tanto a la hora ($P<0.01$), como a las dos ($P<0.001$) y a las cuatro horas post-tratamiento ($P<0.05$).

Para el caso de la dosis de 3µg de leptina más solución salina se observa que ésta dosis del péptido indujo un incremento significativo tanto en el cociente (Figura 26A) así como en la intensidad (Figura 26B) de la lordosis, a la hora ($P<0.001$), a las dos ($P<0.01$) y a las cuatro horas ($P<0.001$) post-tratamiento, en que fue evaluada la expresión de la conducta sexual en las hembras, respecto del grupo control.

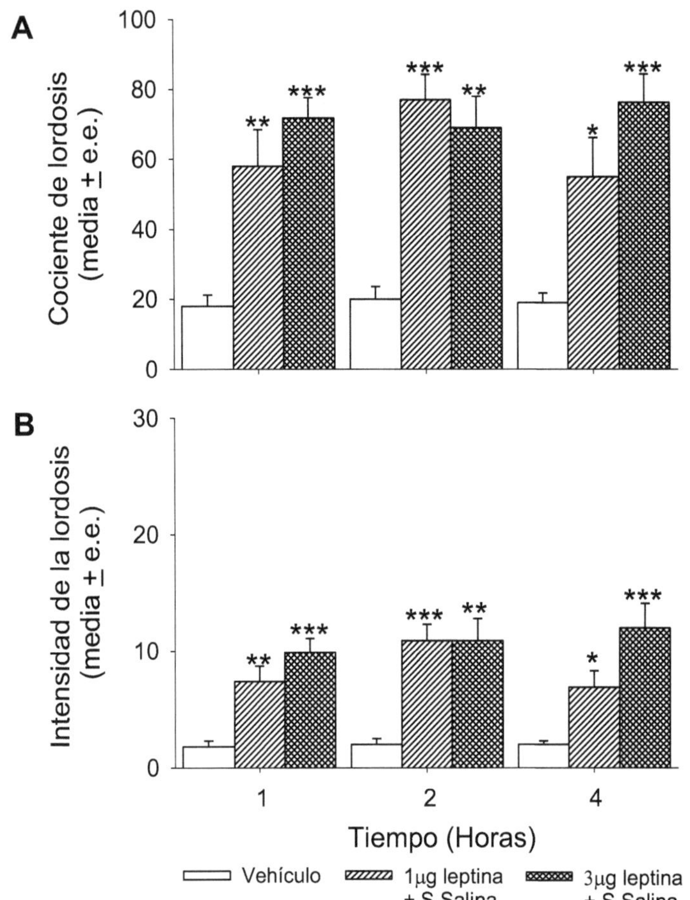

Figura 26. Efecto de la administración de 1 y 3μg de leptina más solución salina sobre el cociente (A) y la intensidad (B) de la lordosis. *La leptina indujo un incremento significativo a los tres tiempos probados para ambas dosis, comparado con el grupo que sólo recibió el vehículo de la leptina (Tris). Los asteriscos sobre las barras que representan a los grupos que recibieron sólo a la leptina indican su comparación con los grupos independientes que recibieron sólo el vehículo de la leptina (Tris). Prueba de la U de Mann-Whitney. *P<0.05; **P<0.01; ***P<0.001.*

6.2. RESULTADOS EXPERIMENTO 2. EFECTO DE LA ADMINISTRACIÓN DE L-NAME, ODQ Y KT5823, INHIBIDORES DE LA VÍA DEL ÓXIDO NÍTRICO, EN LA EXPRESIÓN DE LA CONDUCTA DE LORDOSIS INDUCIDA POR LA LEPTINA EN LA RATA

En la Figura 27 se resumen los resultados obtenidos con la administración de 1 y 3 µg de leptina o de leptina más el inhibidor de la NOS, el L-NAME, sobre el cociente (Figura 27A) y la intensidad (Figura 27B) de la lordosis, en la rata ovariectomizada pretratada con estrógenos.

En la Figura 27A se muestra que el L-NAME sólo disminuyó de manera significativa el cociente de lordosis inducido por 1µg de leptina a la hora ($P<0.01$) y a las dos horas ($P<0.001$) post-tratamiento, pero no a las cuatro horas. De igual manera, la intensidad de la lordosis inducida por 1µg del péptido, fue disminuida significativamente por el L-NAME, a la hora ($P<0.01$) y a las dos horas ($P<0.001$), pero no a las cuatro horas (Figura 27B).

En la Figura 27A se muestra que el L-NAME, disminuyó de manera significativa el cociente de lordosis inducido por 3µg de leptina, tanto a la hora ($P<0.001$), como a las dos ($P<0.01$) y a las cuatro horas ($P<0.01$) después de la administración del antagonista, con respecto al grupo tratado sólo con el péptido; de igual manera, la intensidad de la lordosis inducida por 3µg del peptido, fue disminuida significativamente por el L-NAME, tanto a la hora ($P<0.001$), como a las dos ($P<0.001$) y a las cuatro horas ($P<0.01$) en que fue evaluada la conducta sexual en las hembras (Figura 27B).

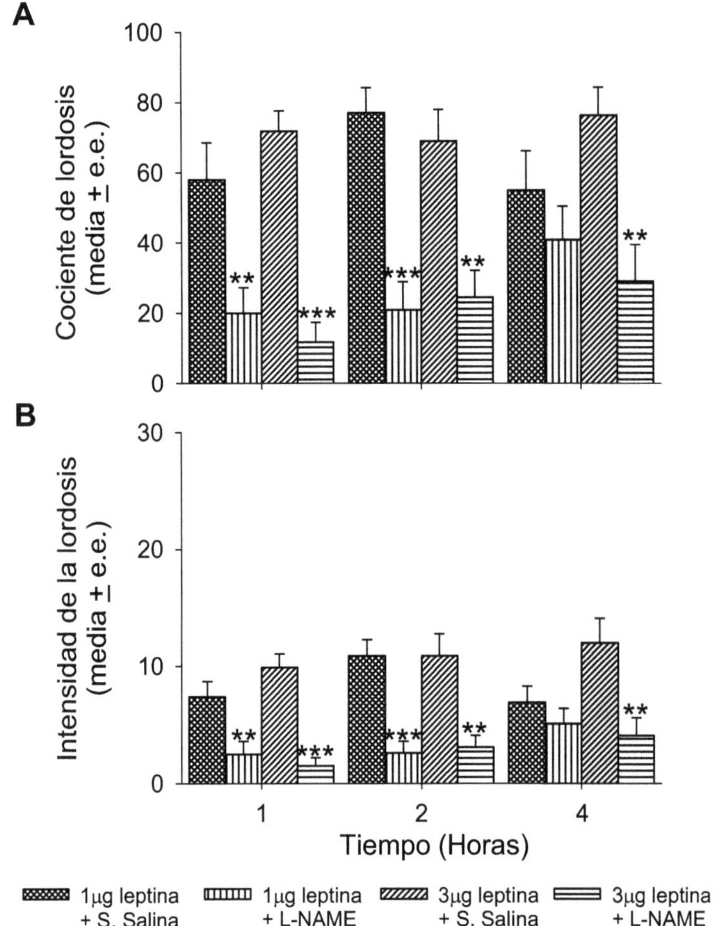

Figura 27. Efecto de la administración del inhibidor de la NOS, L-NAME, sobre el cociente (A) y la intensidad (B) de la lordosis inducidos por 1 y 3μg de leptina. *El L-NAME disminuyó de manera significativa el efecto de la leptina a la hora y dos horas de evaluación de la conducta, para ambas dosis y a la cuarta hora sólo para la dosis de 3μg. Los asteriscos sobre los grupos que recibieron al inhibidor de la NOS indican su comparación con el grupo que recibió sólo leptina. Prueba de la U de Mann-Whitney. **P<0.01; ***P<0.001.*

En la Figura 28 se resumen los resultados obtenidos con la administración de 1 y 3 µg de leptina más el inhibidor de la guanilato cilclasa soluble, el ODQ, sobre el cociente (Figura 28A) y la intensidad (Figura 28B) de la lordosis, en la rata ovariectomizada pretratada con estrógenos.

En la Figura 28A se muestra que el ODQ disminuyó de manera significativa el cociente de lordosis inducido por 1µg de leptina a los tres tiempos probados ($P<0.01$). De igual manera, la intensidad de la lordosis inducida por 1µg del péptido, fue disminuida significativamente por el ODQ a los tres tiempos probados ($P<0.01$; Figura 28B).

Además, la Figura 28A muestra que el ODQ, disminuyó de manera significativa el cociente de lordosis inducido por 3µg de leptina, únicamente a las cuatro horas ($P<0.05$), con respecto al grupo tratado sólo con el péptido. Sin embargo, la intensidad de la lordosis inducida por 3µg del péptido, no fue disminuida significativamente por el ODQ, a ninguno de los tiempos en que fue evaluada la expresión de la conducta sexual de las hembras (Figura 28B).

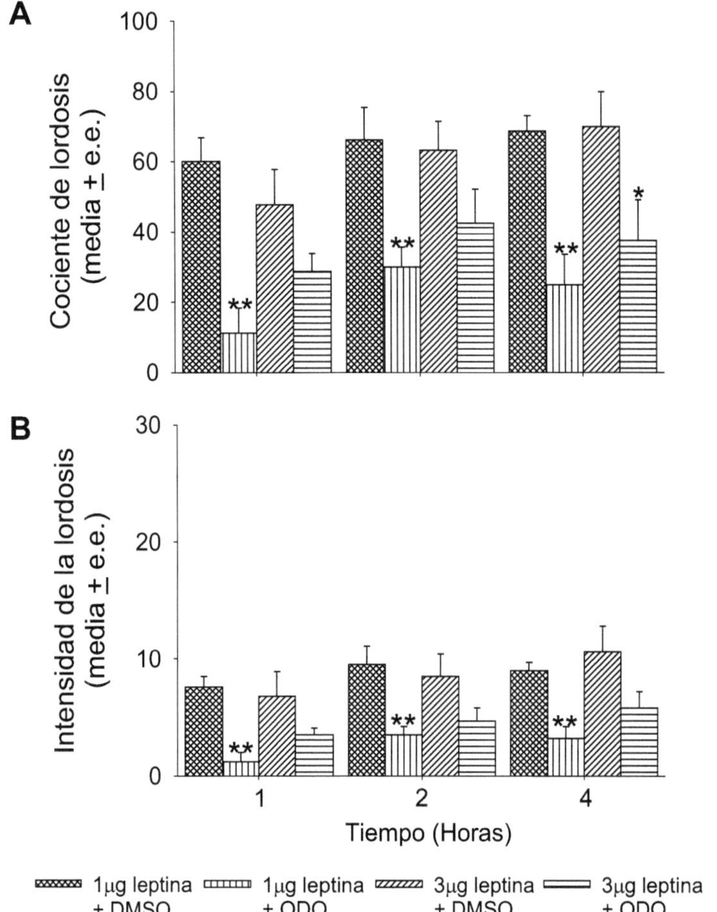

Figura 28. Efecto de la administración del inhibidor de la guanilato ciclasa soluble, ODQ, sobre el cociente (A) y la intensidad (B) de la lordosis inducidos por 1 y 3μg de leptina. *El ODQ disminuyó de manera significativa la respuesta inducida por 1μg de leptina a los tres tiempos probados y sólo el cociente de lordosis inducido por 3μg. Los asteriscos sobre los grupos que recibieron al inhibidor de la guanilato ciclasa indican su comparación con el grupo que recibió sólo leptina. Prueba de la U de Mann-Whitney.* $^{*}P<0.05$; $^{**}P<0.01$.

Por otro lado, en la Figura 29 muestran los resultados obtenidos con la administración de 1 y 3 µg de leptina o de leptina más el inhibidor de la proteína cinasa G, el KT5823, sobre el cociente (Figura 29A) y la intensidad (Figura 29B) de la lordosis, en la rata ovariectomizada pretratada con estrógenos.

En la Figura 29A se muestra que el KT5823 sólo disminuyó de manera significativa el cociente de lordosis inducido por 1µg de leptina a la hora ($P<0.001$) y a las dos horas ($P<0.01$), pero no tuvo efecto a las cuatro horas, después de la administración de la leptina. De igual manera, la intensidad de la lordosis inducida por 1µg del péptido, fue disminuida significativamente por el KT5823, a la hora ($P<0.001$) y a las dos horas ($P<0.01$), pero no a las cuatro horas (Figura 29B).

En la Figura 29A las barras con líneas verticales muestran que el KT5823, disminuyó de manera significativa el cociente de lordosis inducido por 3µg de leptina, tanto a la hora ($P<0.01$), como a las dos ($P<0.001$) y a las cuatro horas ($P<0.01$), con respecto al grupo tratado sólo con el péptido. Con respecto a la intensidad de la lordosis inducida por 3µg del péptido, ésta fue disminuida significativamente por el KT5823, tanto a la hora ($P<0.01$), como a las dos ($P<0.001$) y a las cuatro horas ($P<0.05$) en que se evaluó la conducta sexual de las hembras (Figura 29B).

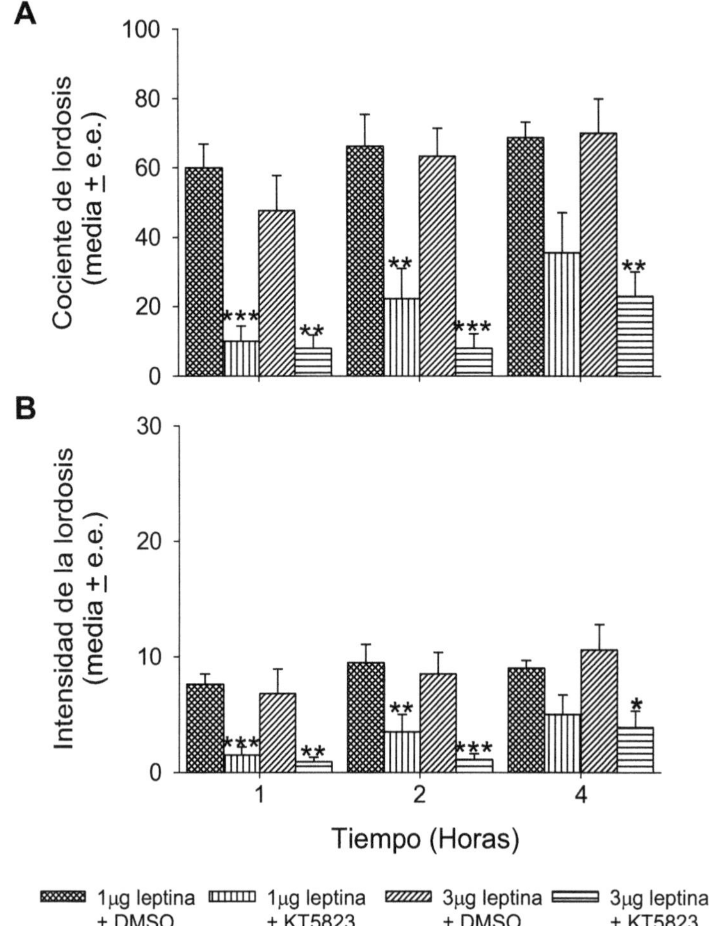

Figura 29. Efecto de la administración del inhibidor de la proteína cinasa G, KT5823, sobre el cociente (A) y la intensidad (B) de la lordosis inducidos por 1 y 3μg de leptina. *El KT5823 disminuyó de manera significativa la respuesta inducida por leptina para ambas dosis a las dos primeras horas y sólo a la cuarta hora para la dosis de 3μg. Los asteriscos sobre los grupos que recibieron al inhibidor de la* proteína cinasa *G indican su comparación con el grupo que recibió sólo leptina. Prueba de la U de Mann-Whitney.* $^{*}P<0.05$; $^{**}P<0.01$; $^{***}P<0.001$.

6.3. RESULTADOS EXPERIMENTO 3. EFECTO DE LA ADMINISTRACIÓN DEL AG490, INHIBIDOR DE LA PROTEÍNA CINASA JAK2, EN LA EXPRESIÓN DE LA CONDUCTA DE LORDOSIS INDUCIDA POR LA LEPTINA EN LA RATA

En la Figura 30 se ilustra el efecto de la administración del AG490, sobre el cociente (Figura 30A) y la intensidad (Figura 30B) de la lordosis, inducidas por la administración de 1 y 3μg de leptina.

En la Figura 30A se observa que la administración del AG490 redujo de manera significativa la expresión del cociente de lordosis inducido por 1μg de leptina una y dos horas después de su administración ($P<0.01$), pero no a las cuatro horas. El mismo efecto del inhibidor se obtuvo para la intensidad de la lordosis inducida por 1μg de la leptina (Figura 26B), ya que sólo se observó una disminución en la intensidad de las lordosis a la hora ($P<0.05$) y después de dos horas ($P<0.01$) de la administración de la leptina, con respecto del grupo que sólo recibió éste péptido.

Además, en la Figura 30A se muestra que la administración del AG490, inhibió de manera significativa ($P<0.01$) el cociente de lordosis inducido por 3μg de leptina una y dos horas después de la administración del péptido y a las cuatro horas con una $P<0.05$, con respecto al grupo tratado sólo con la leptina. Para el caso de la intensidad de la lordosis, el AG490 sólo la disminuyó de manera significativa la inducida por 3μg de leptina (Figura 30B), una y dos horas después de la administración del péptido ($P<0.01$), pero no fue significativa a las cuatro horas.

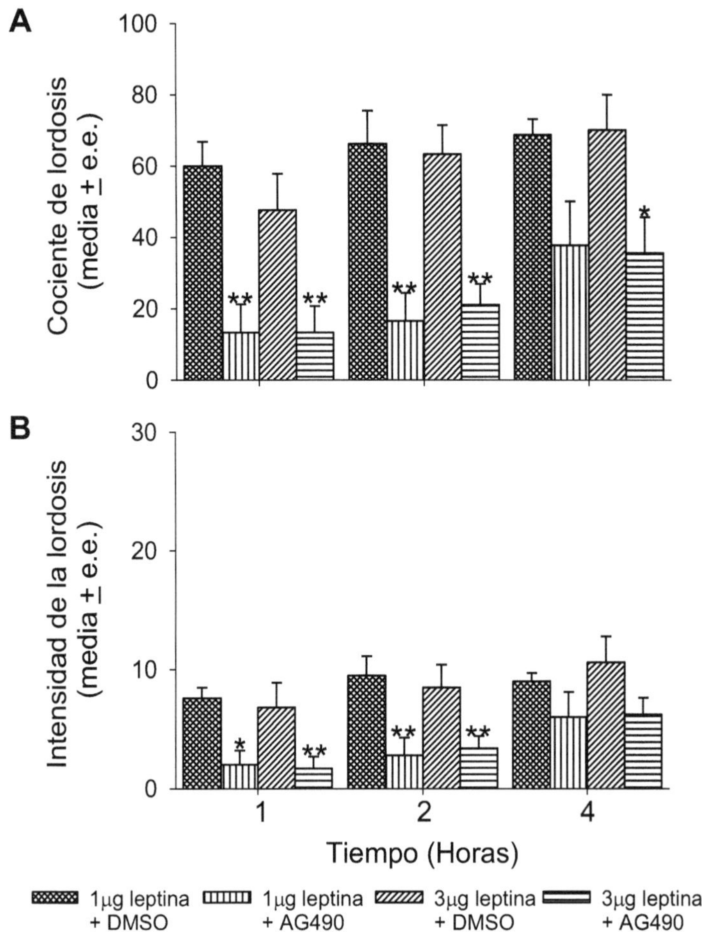

Figura 30. Efecto de la administración del inhibidor de la cinasa JAK2 (AG490), sobre el cociente (A) y la intensidad (B) de la lordosis inducidos por 1 y 3μg de leptina. *El AG490 disminuyó de manera significativa la respuesta inducida por leptina a las dos primeras horas para mabas dosis y sólo sobre el cociente de lordosis a la cuarta hora, para la dosis de 3μg. Los asteriscos sobre los grupos que recibieron al inhibidor de la cinasa JAK2 indican su comparación con los grupos independientes que recibieron sólo leptina. Prueba de la U de Mann-Whitney. * P<0.05; ** P<0.01.*

6.4. RESULTADOS EXPERIMENTO 4. EFECTO DE LA ADMINISTRACIÓN DE PP2, INHIBIDOR DE LA PROTEÍNA CINASA Src, EN LA EXPRESIÓN DE LA CONDUCTA DE LORDOSIS INDUCIDA POR LA LEPTINA EN LA RATA

La Figura 31 ilustra el efecto de la administración del PP2 (inhibidor de la proteína cinasa Src), sobre el cociente (Figura 31A) y la intensidad (Figura 31B) de la lordosis, inducidas por la administración de 1 y 3μg de leptina.

Como se puede observar en la Figura 31A la administración del PP2 sólo redujo de manera significativa el cociente de lordosis inducido por 1μg de leptina una hora después de su administración ($P<0.01$), pero no a las dos ó cuatro horas. Además, la intensidad de la lordosis inducida por 1μg de leptina (Figura 31B) no fue disminuida de manera significativa por la administración de PP2 a ninguno de los tiempos probados.

Contrario al afecto observado con la combinación de PP2 mas 1μg de leptina, en la Figura 31A se muestra que la administración del PP2, inhibió de manera significativa el cociente de lordosis inducido por 3μg de leptina una hora después de la administración del péptido ($P<0.001$) así como a las dos y cuatro horas ($P<0.01$), con respecto al grupo tratado sólo con la leptina. De igual manera, la intensidad de la lordosis desplegada por las hembras que recibieron 3μg de leptina fue disminuida de manera significativa por el PP2 a los tres tiempos probados ($P<0.01$; Figura 31B).

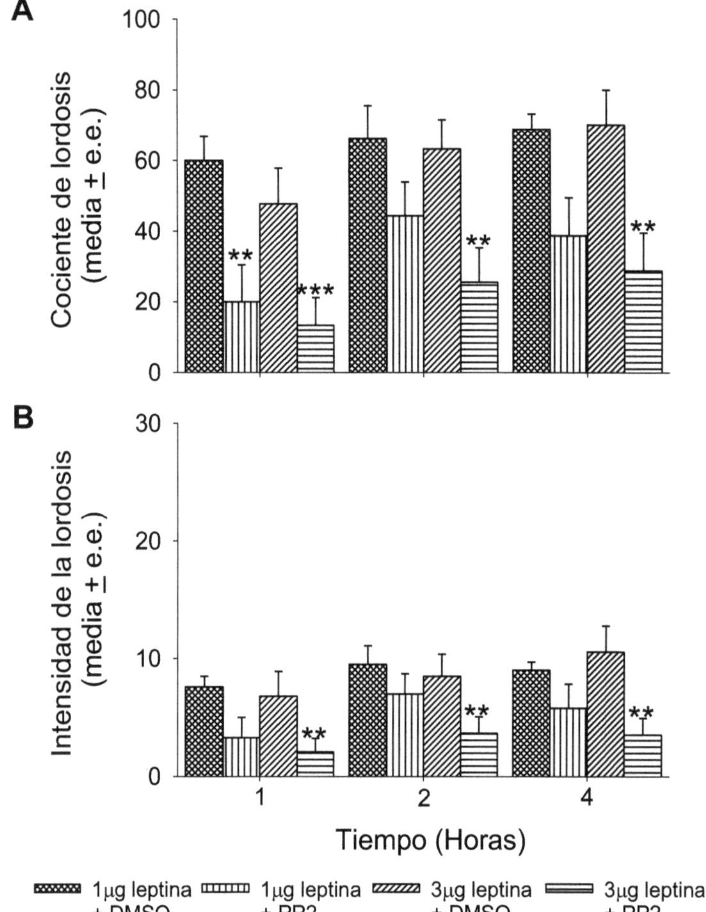

Figura 31. Efecto de la administración del inhibidor de la cinasa Src (PP2), sobre el cociente (A) y la intensidad (B) de la lordosis inducidos por 1 y 3μg de leptina. *El PP2 sólo disminuyó el cociente de lordosis inducido por 1μg de leptina a la primera hora de evaluación; sin embargo, disminuyó el efecto sobre ambos parámetros inducido por 3μg a los tres tiempos evaluados. Los asteriscos sobre los grupos que recibieron al inhibidor de la cinasa Src indican comparación con el grupo que recibió sólo leptina. Prueba de la U de Mann-Whitney. **$P<0.01$; ***$P<0.001$.*

6.5. RESULTADOS EXPERIMENTO 5. EFECTO DE LA ADMINISTRACIÓN DE RpcAMPS Y BISINDOLILMALEIMIDA, INHIBIDORES DE LAS PROTEÍNAS CINASAS A Y C, RESPECTIVAMENTE, EN LA EXPRESIÓN DE LA CONDUCTA DE LORDOSIS INDUCIDA POR LA LEPTINA EN LA RATA

La Figura 32 muestra los resultados obtenidos con la administración de 1 y 3 µg de leptina o de leptina más el inhibidor de la proteína cinasa A, el RpcAMPS, sobre el cociente (Figura 32A) y la intensidad (Figura 32B) de la lordosis, en la rata ovariectomizada pretratada con estrógenos.

La Figura 32A muestra que el RpcAMPS sólo disminuyó de manera significativa el cociente de lordosis a la hora ($P<0.01$) y a las dos horas ($P<0.001$), pero no a las cuatro horas, después de la administración de 1µg de la leptina. El efecto del RpcAMPS sobre la intensidad de la lordosis (Figura 32B) sólo se observó a la hora ($P<0.001$) y a las dos horas ($P<0.01$), pero no a las cuatro horas, después de la administración del péptido.

En la misma Figura 32A se ilustra que el inhibidor de la proteína cinasa A disminuyó de manera significativa el cociente de lordosis inducido por 3µg de leptina, a la hora ($P<0.001$), a las dos horas ($P<0.01$) y a las cuatro horas ($P<0.001$), con respecto al grupo tratado solo con el péptido; de igual manera, el RpcAMPS, disminuyó de manera significativa la intensidad de la lordosis inducida por 3µg de leptina ($P<0.01$) a los tres tiempos en que se evaluó la conducta sexual de las hembras (Figura 32B).

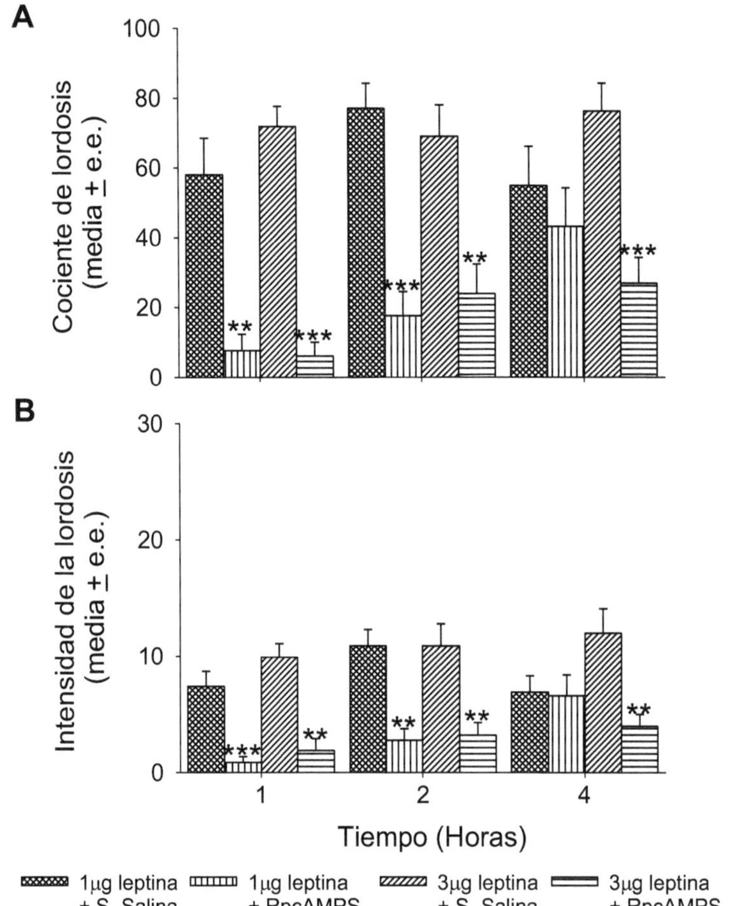

Figura 32. Efecto de la administración del inhibidor de la cinasa A (RpcAMPS), sobre el cociente (A) y la intensidad (B) de la lordosis inducidos por 1 y 3µg de leptina. *El RpcAMPS disminuyó de manera significativa el efecto de la leptina a la hora y dos horas de evaluación de la conducta, para ambas dosis en ambos parámetros y a la cuarta hora sólo para la dosis de 3µg. Los asteriscos sobre los grupos que recibieron al inhibidor de la cinasa A indican comparación con el grupo que recibió sólo leptina. Prueba de la U de Mann-Whitney. ** P<0.01; *** P<0.001.*

La Figura 33 muestra los resultados obtenidos con la administración de 1 y 3 µg de leptina o de leptina más el inhibidor de la proteína cinasa C, el bisindolilmaleimida, sobre el cociente (Figura 33A) y la intensidad (Figura 33B) de la lordosis, en la rata ovariectomizada pretratada con estrógenos.

La Figura 33A muestra que el bisindolilmaleimida sólo disminuyó de manera significativa el cociente de lordosis inducido por 1µg de leptina a la hora ($P<0.01$), pero no a las dos o cuatro horas, después de la administración de la leptina. Para el caso de la intensidad de la lordosis inducida por 1µg del péptido, el bisindolilmaleimida, no disminuyó este parámetro a ninguno de los tiempos probados (Figura 33B).

Las barras con lineas horizontales (Figura 33A) muestran que el inhibidor de la proteína cinasa C disminuyó de manera significativa el cociente de lordosis inducido por 3µg de leptina, a la hora ($P<0.05$) y a las dos horas ($P<0.01$), pero no muestra efecto inhibitorio significativo a las cuatro horas, con respecto al grupo tratado solo con el péptido; cabe señalar que el bisindolilmaleimida, no disminuyó de manera significativa la intensidad de la lordosis inducida por 3µg de leptina a ninguno de los tres tiempos en que fue evaluada la conducta sexual de las hembras (Figura 33B, barras con líneas horizontales).

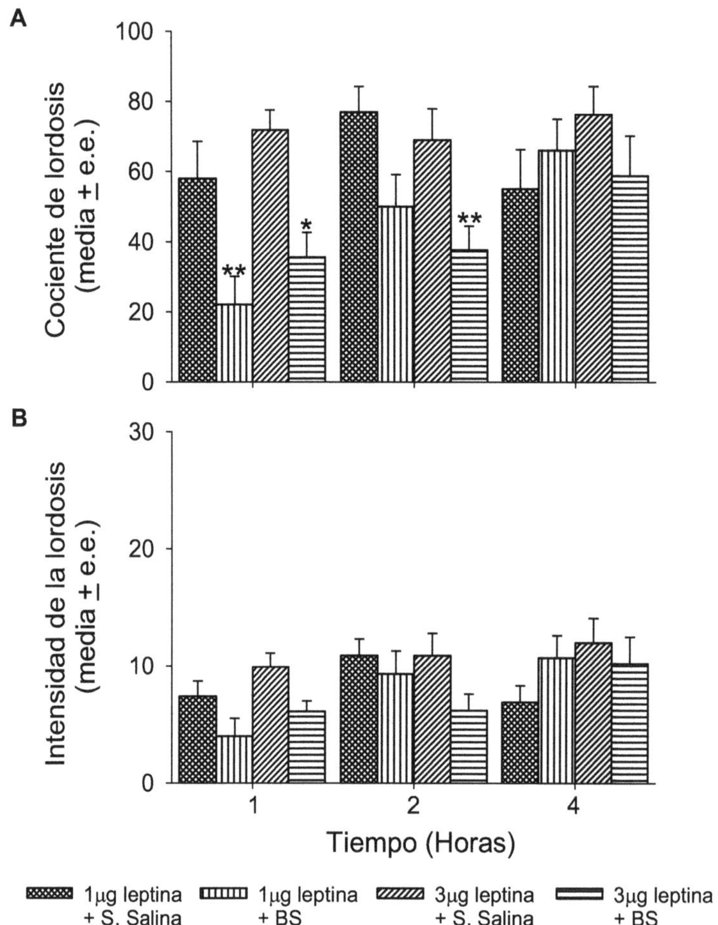

Figura 33. Efecto de la administración del inhibidor de la cinasa C (bisindolilmaleimida), sobre el cociente (A) y la intensidad (B) de la lordosis inducidos por 1 y 3μg de leptina. *El bisindolilmaleimida sólo disminuyó el cociente de lordosis para ambas dosis a la primera hora y para la dosis de 3μg alas dos horas. Los asteriscos sobre los grupos que recibieron al inhibidor de la cinasa C indican su comparación con el grupo que recibió sólo leptina. BS, bisindolilmaleimida. Prueba de la U de Mann-Whitney. *P<0.05; **P<0.01.*

6.6. RESULTADOS EXPERIMENTO 6. EFECTO DE LA ADMINISTRACIÓN DEL PD98059, INHIBIDOR DE LA PROTEÍNA CINASA MAPK, EN LA EXPRESIÓN DE LA CONDUCTA DE LORDOSIS INDUCIDA POR LA LEPTINA EN LA RATA

En la Figura 34 se muestran los resultados obtenidos por la administración de 1 y 3μg de leptina o de leptina más el inhibidor de la proteína cinasa MAPK, el PD98059, sobre el cociente (Figura 34A) y la intensidad (Fugura 34B) de la lordosis.

En la Figura 34A, las barras con líneas horizontales muestran que el inhibidor de la proteína cinasa MAPK, disminuyó de manera significativa el cociente de lordosis inducido por 1μg de leptina, tanto a la hora ($P<0.001$), como a las dos ($P<0.01$) y cuatro horas post-tratamiento ($P<0.01$). El efecto inhibidor del PD98059 sobre el cociente de lordosis también se pudo observar sobre la intensidad de la lordosis inducida por 1μg del péptido, ya que disminuyó de manera significativa este parámetro (Figura 34B, barras con líneas verticales) tanto a la hora ($P<0.001$) como a las dos ($P<0.01$) y a las cuatro horas ($P<0.05$).

Por otra parte, las barras con líneas verticales de la Figura 34B, muestran que el PD98059 disminuyó de manera significativa el cociente de lordosis inducido por 3μg de leptina tanto a la hora ($P<0.01$) como a las dos ($P<0.001$) y cuatro horas ($P<0.001$), posteriores a la administración del péptido. A su vez, las barras con líneas verticales de la Figura 34B, muestran que el inhibidor de la proteína cinasa MAPK, disminuyó de manera significativa la intensidad de la lordosis inducida por 3μg de leptina a los tres tiempos probrados ($P<0.01$).

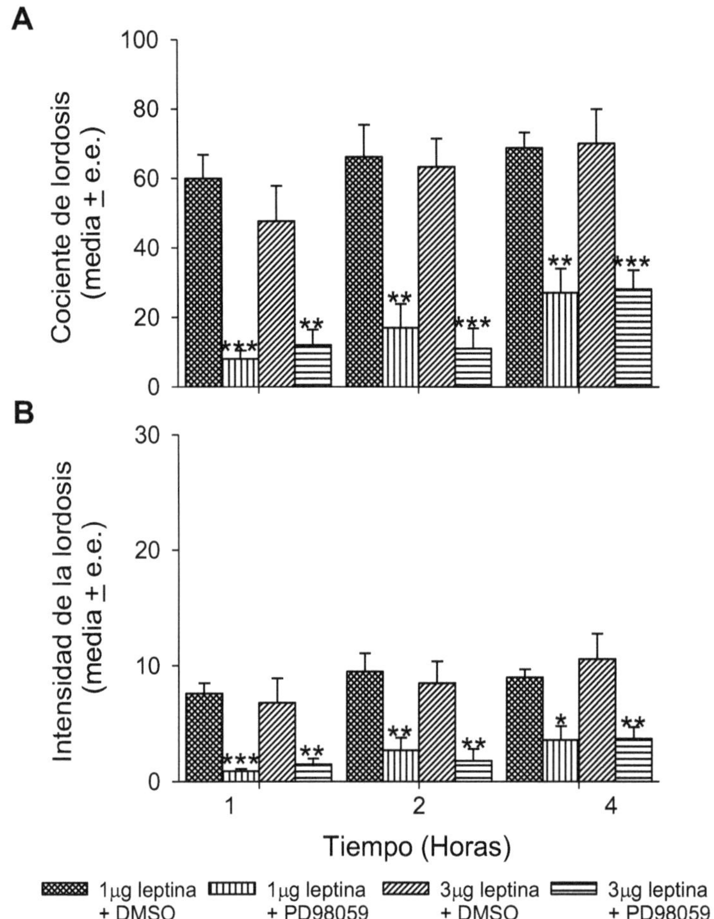

Figura 34. Efecto de la administración del inhibidor de la cinasa MAPK, el PD98059, sobre el cociente (A) y la intensidad (B) de la lordosis inducidos por 1 y 3μg de leptina. *El PD98059 redujo de manera significativa tanto el cociente como la intensidad de la lordosis para ambas dosis a los tres tiempos probados. Los asteriscos sobre los grupos que recibieron al inhibidor de la* proteína cinasa *MAP indican su comparación con el grupo que recibió sólo leptina. Prueba de la U de Mann-Whitney.* *$^{*}P<0.05$; $^{**}P<0.01$; $^{***}P<0.001$.*

7. DISCUSIÓN

Nuestros resultados muestran que diversas vías de señalización participan en la regulación de la conducta de lordosis inducida por leptina en el modelo de la rata ovariectomizada pretratada con estrógenos, ya que la administración de inhibidores de las diferentes cinasas estudiadas y de las moléculas de la vía del óxido nítrico inhibieron la expresión de la conducta de lordosis inducida por este péptido.

Durante el desarrollo, cuando las concentraciones de leptina son las adecuadas, se activa el eje hipotálamo-hipófisis-gónadas y por lo tanto ésta proteína regula el inicio de la pubertad y las funciones reproductivas subsecuentes. Sin embargo, la producción de leptina en exceso que se genera tras la obesidad, produce inhibición gonadal (Blum *y cols.*, 1997).

La administración de leptina a hembras de ratón homocigóticas *ob/ob,* que presentan severa obesidad e infertilidad, disminuye el porcentaje de grasa y de su peso corporal, con un incremento concomitante en el peso del útero y de los ovarios (Barash *y cols.*, 1996), lo cual también restaura su fertilidad (Chehab *y cols.*, 1996; Mounzih *y cols.*, 1997).

En hembras de ratón la administración de leptina revierte la anovulación producida por el ayuno e induce desarrollo folicular y la formación del cuerpo lúteo, a través de inducir la liberación de GnRH (Yu *y cols.*, 1997b), mientras que en el hámster la administración de leptina incrementa la duración de la lordosis en hembras alimentadas a libre acceso, mas no la de hembras sometidas a ayuno por 48 horas (Wade *y cols.*, 1997), lo que muestra la necesidad de un adecuado balance energético, como una condición relevante para el éxito reproductivo.

Se ha demostrado que la administración de leptina a ratonas *ob/ob* activa la vía de la STAT 3 hipotalámica, pero esto no ocurre cuando se administra la hormona a ratonas *db/db* (Vaisse *y cols.*, 1996); por lo que se ha propuesto que el receptor *ObRb* y no otra de las isoformas, es el que activa la vía de la cinasa JAK2-STAT (Ghilardi y Skoda, 1997). De hecho sólo la isoforma larga del receptor de la leptina contiene todos los motivos requeridos para la activación de dicha vía de traducción de señales en respuesta a la leptina (Bjorbaek *y cols.*, 1997; Ghilardi y Skoda, 1997), lo que explica por qué en ratones *db/db* la leptina no activa esta vía de señalización intracelular (Vaisse *y cols.*, 1996).

En nuestro trabajo, la administración de inhibidores de la vía del óxido nítrico muestra que ésta vía participa en la activación de la conducta de lordosis inducida por la leptina, ya que la administración en el ventrículo lateral derecho de los inhibidores de las diferentes moléculas que participan en esta vía, bloquearon significativamente la conducta de lordosis inducida por la leptina, en nuestro modelo de la rata ovariectomizada pretratada con estrógenos.

En estudios realizados por Sica *y cols.* (2009), determinaron que en hembras de ratón la expresión de la NOS neuronal en núcleos hipotalámicos, involucrados en el control de la reproducción, se encuentra bajo el control de hormonas gonadales. Además, mostraron que la expresión de NOS varía de acuerdo con los niveles hormonales que ocurren durante el ciclo estral, con un incremento en la inmunorreactividad de la enzima durante el estro en el área preóptica, mientras que durante el proestro el incremento se observó tan sólo en el núcleo arqueado. El tratamiento con inhibidores de la isoforma neuronal de la enzima atenúa la lordosis inducida por progesterona; mientras que la administración de un donador de óxido nítrico facilita ésta conducta; efecto que puede ser bloqueado por la administración de anticuerpo para GnRH, por lo que se ha propuesto que la progesterona a nivel del hipotálamo induce la liberación de GnRH para la activación de la conducta sexual de la hembra a través del incremento de los niveles de óxido nítrico (Mani *y cols.*, 1994a). Esta vía también podría ser activada por la leptina, ya que Yu *y cols.* (1997a) han mostrado que la aplicación de la leptina en cultivos celulares de la eminencia media y del núcleo arqueado induce la liberación de GnRH, mientras que en la hipófisis anterior de ratas macho, produce la liberación de gonadotrofinas (Ogura *y cols.*, 2001).

Existen evidencias de que el efecto de la leptina tanto a nivel del hipotálamo como de la hipófisis es mediado a través de la vía del óxido nítrico, ya que la administración de inhibidores de la NOS bloquea el efecto de la leptina en los tejidos de ambas estructuras (Yu *y cols.*, 1997c). Adicionalmente, la administración de leptina en el núcleo paraventricular y en el núcleo supraquiasmático previene la disminución de ARNm de la isoforma neuronal de la NOS, inducido por el ayuno (Isse *y cols.*, 1999); mientras que en cultivos celulares de hipófisis bovina se determinó que la liberación de

GnRH inducida por la administración de leptina es mediada por la vía del óxido nítrico (Kosior-Korzecka y Bobowiec, 2006). Por su parte Reynoso *y cols.* (2007), mostraron que la administración de un inhibidor de la NOS, en el área preóptica e hipotálamo medio basal, de ratas prepúberes y peripúberes, bloquea la liberación de GnRH inducida por la leptina y se ha mostrado que la administración intravenosa de leptina a ratas Wistar, incrementa la lipólisis y la producción de nitritos y nitratos en el plasma, indicadores de la actividad de la enzima NOS (Fruhbeck *y cols.*, 2001; Mastronardi *y cols.*, 2002), en concordancia con este hallazgo, la administración del inhibidor de la enzima, el L-NAME, inhibió el efecto inducido por la leptina (Fruhbeck *y cols.*, 2001).

En el sistema nervioso central el óxido nítrico induce la liberación de GnRH permitiendo la expresión del reflejo de lordosis (Mani *y cols.*, 1994a); mientras que en la periferia, el óxido nítrico a través del GMPc induce la ovulación (McCann *y cols.*, 1999). Además, se ha observado que la vía óxido nítrico-GMPc-proteína cinasa G, está involucrada en la activación de la conducta de lordosis inducida por progesterona y algunos de sus metabolitos reducidos en el anillo A (González-Flores y Etgen, 2004); así como la inducida por GnRH, prostaglandina E_2 y dibutiril AMPc (González-Flores *y cols.*, 2009), lo que soporta la participación de ésta vía de señalización en la regulación de la conducta de lordosis.

Los resultados obtenidos con la administración del inhibidor de la cinasa JAK2 apoyan la hipótesis de que esta cinasa también está involucrada en la regulación de la conducta de lordosis inducida por la leptina y a su vez, por la activación de la isoforma larga del receptor de la leptina, el *ObRb* (Ghilardi y Skoda, 1997).

La cinasa JAK2 es utilizada por receptores de citosinas, como los receptores de la hormona del crecimiento y los de la leptina (Leonard, 2001). La participación de la cinasa JAK2 como mediadora de los efectos de la leptina, se conoce bien y se ha reconocido que esta enzima forma parte integral de la vía de señalización que se activa por la unión de la leptina con su receptor *ObRb* membranal, evento que provoca la dimerización del receptor para la leptina, la fosforilación cruzada y la activación de las cinasas JAK2 asociadas al dominio citoplásmico del receptor (Tartaglia, 1997; Couturier y Jockers, 2003). Una vez activadas las cinasas JAK2, el efecto de la leptina es amplificado por la activación de la STAT3 (Bates y Myers, 2003; Piper *y cols.*, 2008).

Estudios realizados por Neubauer *y cols.* (1998) en ratones carentes del gen que codifica para la cinasa JAK2 determinaron que la ausencia de dicha enzima provoca muerte fetal debido a la falta de señalización de la hormona eritropoyetina; sin embargo, la muerte tan prematura de estos ratones no permitió distinguir otras disfunciones asociadas a la ausencia de dicha enzima.

Por su parte Wu *y cols.* (2011), empleando la técnica Cre/LoxP, modificaron el gen que codifica para la cinasa JAK2 en neuronas liberadoras de GnRH. En estos animales determinaron que la enzima regula la pubertad y la reproducción, ya que las hembras mutantes de la enzima JAK2 presentan anormalidad en la función reproductiva y en consecuencia en su fertilidad. Además, los niveles del ARNm para GnRH y para la hormona luteinizante se encontraron disminuidos en estos animales, sugiriendo que la disfunción reproductiva puede ser debida a la disminución en la síntesis de GnRH, péptido del cual se sabe que tanto su administración sistémica como intracerebral induce conducta sexual femenina en ratas ovariectomizadas pretratadas con estrógenos (Ojeda *y cols.*, 1986; Ramírez-Orduña *y cols.*, 2007), a través del receptor de la progesterona y de proteínas cinasas como la A, la C, así como la MAPK (Ramírez-Orduña *y cols.*, 2007; Gómora-Arrati *y cols.*, 2008).

Por otra parte, la administración del PP2 inhibió la expresión de la conducta de lordosis inducida por leptina en nuestro modelo. Estos resultados concuerdan con trabajos previos, en los que se ha mostrado que la proteína cinasa Src participa en la expresión de la conducta sexual, inducida por la progesterona y los metabolitos 5α-dihidroprogesterona y 5α,3α-pregnanolona (González-Flores *y cols.*, 2010).

La participación de la cinasa Src como mediadora de los efectos de la leptina se ha comprobado por Slomiany y Slomiany (2008a, b), en un modelo *in vitro* en el cual determinaron que la leptina ejerce un efecto protector en contra de la citotoxicidad inducida por etanol, en glándulas acinares salivales y en células de la mucosa gástrica; éste efecto fue inhibido por la administración del PP2.

Heida *y cols.* (2010) en cultivos de células angiogénicas identificaron dos eventos fundamentales que indican la activación de la cinasa Src por la leptina; el primero, la fosforilación de la tirosina 416 y el segundo, la defosforilación de la tirosina 527 de esta enzima, (Roskoski, 2004); observaron además que el incremento en la actividad de la cinasa Src inducida por la administración del péptido, fue acompañada por la fosforilación de la integrina $\alpha v \beta 5$. Sin embargo, cuando se administraron el inhibidor de la JAK2, el AG490, así como los inhibidores de la cinasa Src, el SU6656 o el PP2, el efecto fue inhibido, lo que muestra la participación tanto de la cinasa JAK2 como de la cinasa Src en la fosforilación y activación de la integrina. Por lo tanto, se ha propuesto que la cinasa Src actúa como un enlace entre el receptor de la leptina y la fosforilación de la integrina. Este evento podría ocurrir debido a que la fosforilación de tirosinas en el dominio citoplásmico del *ObRb* por la cinasa JAK2, puede crear un sitio de unión para el dominio SH2 de la cinasa Src (Rane y Reddy, 2000). Esta posibilidad es apoyada por estudios que sugieren que tal señalización inducida por la leptina ocurre para la activación de la tirosina cinasa Src (Jiang *y cols.*, 2008), y que es requerida para la activación óptima de la enzima (Rane y Reddy, 2000). Además, se ha propuesto que la leptina podría promover la asociación directa de la cinasa Src con las fosfotirosinas del amino-terminal de la cinasa JAK2 activada (Sayeski *y cols.*, 1999). Estos resultados explicarían cómo es que la cinasa Src, que no forma parte fundamental de la vía de señalización activada por la leptina, amplifica la señal del péptido y regula la expresión de la conducta de lordosis en la rata.

En el quinto experimento los resultados muestran una clara participación de la proteína cinasa A, como reguladora de los efectos de la leptina sobre la expresión de la conducta de lordosis. El incremento en la actividad de esta cinasa inducida por la leptina ya había sido determinado en cultivos celulares, debido a que la administración del inhibidor de la proteína cinasa A, el H89, inhibió la lipólisis inducida por la leptina en adipocitos (Fruhbeck *y cols.*, 2001). Po su parte, Mehebic *y cols.* (2005) determinaron en el oviducto de la coneja, que el incremento en la actividad de la NOS inducida por la leptina está regulado por la proteína cinasa A y se ha propuesto que ocurre a través de la fosforilación de los aminoácidos serina 1179 y treonina 497 de la NOS (Mehebik *y cols.*, 2005).

La inhibición de la conducta de lordosis inducida por leptina, por la administración del RPcAMPS, coincide con resultados obtenidos previamente por Mani *y cols.* (2000), quienes observaron que dicho inhibidor bloquea la conducta de lordosis inducida por progesterona en ratas pretratadas con estrógenos. Un resultado semejante fue obtenido en nuestro laboratorio, ya que la administración del mismo inhibidor disminuyó la lordosis inducida por progesterona y sus metabolitos reducidos en el anillo A (González-

Flores *y cols.*, 2006); así como la inducida por la GnRH, la prostaglandina E_2 y el dibutiril AMPc en ratas ovariectomizadas pretratadas con estrógenos (Ramírez-Orduña *y cols.*, 2007).

Otra posibilidad que involucra a la proteína cinasa A como moduladora de los efectos de la leptina es que al fosforilar y activar al inhibidor de proteínas fosfatasas (DARPP-32), se prolonga el tiempo de fosforilación de las fosfoproteínas intracelulares y en consecuencia de su actividad (Mani *y cols.*, 2000; Svenningsson *y cols.*, 2004). De esta manera se podría prolongar la duración de la actividad del receptor de la progesterona, así como de coactivadores asociados a dicho receptor, que se sabe son esenciales para su completa actividad transcripcional (Rowan *y cols.*, 2000; Edwards *y cols.*, 2002; Li *y cols.*, 2004).

Por otra parte, la administración del inhibidor de la proteína cinasa C, fue menos efectivo en bloquear el efecto inductor de la leptina sobre la conducta de lordosis, que el inhibidor de la proteína cinasa A, ya que incrementó ligeramente la intensidad de la lordosis inducida por el péptido. Nuestro resultado contrasta con el obtenido previamente con la administración de esteres de forbol, que activan la cascada de señalización de la fosfolipasa C-proteína cinasa C, en ratas pretratadas con estrógenos, los cuales activan la lordosis de manera similar a la inducida con la progesterona (Mobbs *y cols.*, 1989; Kow *y cols.*, 1994a).

Estos resultados sugieren la posibilidad de una doble función de la cinasa en la regulación de la conducta de lordosis inducida por la leptina; sin embargo, esta respuesta no es particularmente sorprendente, ya que previamente se reportaron tanto efectos activadores como inhibidores de la leptina sobre la proteína cinasa C. Los efectos inhibidores de la leptina sobre esta enzima se observaron en experimentos en donde la liberación de insulina, a partir de células β pancreáticas, producida por la estimulación de la proteína cinasa C, es disminuida por la administración de la leptina (Chen y Romsos, 1997); además, la capacidad de la leptina para disminuir la secreción de insulina inducida por glucosa, se correlaciona con la disminución en la actividad de la proteína cinasa C (Ookuma *y cols.*, 1998).

Los efectos activadores de la leptina sobre la proteína cinasa C, se demostraron utilizando ensayos, en donde la invasión de células epiteliales de colon estimulada por la leptina, fue bloqueada por la administración de inhibidores de esta cinasa (Attoub *y cols.*, 2000). Además, se ha determinado que la activación de dicha enzima por la leptina, participa en la producción de la hormona del crecimiento y de óxido nítrico en cultivos de células mononucleares sanguíneas (Dixit *y cols.*, 2003). De igual manera, la administración de leptina a cultivos de células cromafines porcinas, incrementó la actividad de la proteína cinasa C, ya que la administración del inhibidor de la enzima, el 2- (8- [(dimetilamino) metil]- 6, 7, 8, 9- tetrahidropirido [1,2-a] indol-3-il)- 3- (1-metilindol-3-il) maleimide (Ro32-0432), inhibió completamente la actividad de la cinasa (Takekoshi *y cols.*, 2001).

La doble función de la proteína cinasa C también fue determinada en nuestro laboratorio, debido a que la administración del H7, inhibidor de la proteína cinasa C produjo un efecto diferencial sobre la expresión de la conducta de lordosis, ya que bloqueó la conducta sexual inducida por la 5α-dihidroprogesterona y la 5α,3α-pregnanolona, pero no la inducida por la progesterona (González-Flores *y cols.*, 2006).

Por otra parte, la disminución en la respuesta de lordosis producida por inhibidor de la MAPK, el PD98059, fue intensa, ya que su efecto perduró a lo largo de todos los tiempos estudiados. Este efecto fue tan intenso que la lordosis disminuyó por debajo de la obtenida en el grupo control. Estos resultados sugieren que la proteína cinasa MAPK podría ser un integrador de la multitud de señales provenientes del medio extracelular, en las neuronas hipotalámicas que generan los comandos hacia estructuras neuronales del tallo cerebral, que a su vez activan a las motoneuronas espinales responsables de la flexión de la región lumbo-sacra de la columna vertebral.

En experimentos *in vitro* se ha probado que esta cinasa fosforila al receptor de la progesterona (Zhang y Snyder, 1995; Lange *y cols.*, 2000; Shen *y cols.*, 2001), que es el mediador molecular común por el cual diversos compuestos con diferentes estructuras químicas (Beyer *y cols.*, 1995, 1997; Beyer *y cols.*, 2003), incluyendo a la leptina (García-Juárez *y cols.*, 2011) activan a la conducta de lordosis.

En nuestro laboratorio hemos mostrado que la vía de la proteína cinasa MAPK regula la expresión de la conducta estral, debido a que la administración del PD98059 inhibió la expresión de dicha conducta al ser inducida por progestinas reducidas en el anillo A, por el 8-bromo-GMPc (González-Flores *y cols.*, 2004b), la GnRH y la prostaglandina E_2 (González-Flores *y cols.*, 2009). Además, la administración *in vitro* de un análogo del GMPc, activa a la proteína cinasa MAPK (Ho *y cols.*, 1999; Komalavias *y cols.*, 1999), lo que concuerda con la inducción de la conducta de lordosis por nucleótidos de guanina, en ratas ovariectomizadas previamente estrogenizadas (Fernández-Guasti *y cols.*, 1983; Chu y Etgen, 1997).

Por otra parte, se han cuantificado altos niveles de GMPc en el hipotálamo de ratas hembra durante el proestro (Kimura *y cols.*, 1980), y se sabe que la activación de la proteína cinasa MAPK en este núcleo varía de acuerdo con las condiciones hormonales, ya que la ovariectomía reduce su actividad; mientras que el tratamiento con estradiol incrementa sus niveles (Bi *y cols.*, 2001; Singh, 2001), lo que sugiere la posible interacción entre la vía que involucra al GMPc y la activación de la proteína cinasa MAPK. Además, existen diversos receptores acoplados a proteínas G, que facilitan la conducta de lordosis en ratas ovariectomizadas previamente estrogenizadas y que pueden activar la cascada de señalización de la proteína cinasa MAPK (Silberbach y Roberts, 2001) entre los que se encuentran los receptores de GnRH en gonadotropos de la hipófisis (Cheng y Leung, 2000).

Por su parte, Kim *y cols.* (2000), determinaron que la administración de leptina por vía intravenosa a ratas, incrementa considerablemente la fosforilación de la proteína cinasa MAPK en adipocitos y en el hígado. Se ha determinado además, que la activación de la enzima en respuesta a la administración de leptina también ocurre en células β pancreáticas (Morton *y cols.*, 1999), en miocitos (Berti y Gammeltoft, 1999) y en el oviducto de la coneja (Mehebik *y cols.*, 2005).

En tejido adiposo, la proteína cinasa MAPK incrementa la actividad de la NOS y este efecto es independiente de la proteína cinasa A, ya que el H89 no redujo los niveles de óxido nítrico inducidos por la leptina, pero sí ocurrió en respuesta al inhibidor de la proteína cinasa MAPK, el 1, 4- diamino- 2, 3-diciano- 1, 4- bis (o- aminofenilmercapto) butadieno monoetanolato (U0126; Mehebik *y cols.*, 2005).

En líneas celulares de cáncer de seno MCF-7 (del inglés Michigan Cancer Foundation–7), la leptina estimula a través de la proteína cinasa MAPK la expresión de la aromatasa y el consecuente incremento en la producción del receptor a estrógeno α (Catalano *y cols.*, 2003). En otro experimento Catalano *y cols.* (2004) determinaron que la leptina a través de la enzima MAPK, indujo la activación del receptor α de estrógenos, tanto en células MCF-7, como en células HeLa (linaje celular humano cuyo nombre deriva del acrónimo Henrietta Lacks).

Por su parte Bjorbaek *y cols.* (2001) han mostrado que la activación de la proteína cinasa JAK2 conduce a la activación de la proteína cinasa MAPK. Este evento ocurre por la fosforilación de la Tirosina 985 del dominio citoplásmico del *ObRb*, que promueve la activación de la vía de la proteína G Ras-proteína cinasa RAF-proteína cinasa MAPK, ya que dicho aminoácido crea un sitio de unión para el dominio homólogo 2 de la proteína adaptadora Grb-2 (del inglés growth factor receptor-bound protein 2; Banks *y cols.*, 2000; Myers, 2004) activando de esta manera la vía de la proteína cinasa MAPK, necesaria para la máxima activación de la STAT (O'Rourke y Shepherd, 2002).

El hecho de que los inhibidores de las cinasas no disminuyen totalmente el efecto activador de la leptina sobre la conducta de lordosis podría deberse a que una vez activado el receptor *ObRb*, no se activa una vía de señalización unidireccional a través de la vía cinasa JAK2-STAT, sino que la estimulación del receptor *ObRb* provoca la activación de diversas vías de señalización, ya sea a través de la cinasa JAK2 o de manera independiente a ésta. Por ejemplo, una vez activado el receptor *ObRb* se activa la vía de señalización Ras-proteína cinasa MAPK- proteína cinasa regulada por señales extracelulares; a través de la fosforilación y activación de la tirosina fosfatasa SHP-2 (Bjorbaek *y cols.*, 2001).

La anterior no es la única evidencia de la participación de otras vías de señalización activadas por la leptina, ya que la administración de éste péptido en cultivos celulares de adipocitos induce lipólisis a través de la síntesis de AMPc y la activación subsecuente de la proteína cinasa A (Fruhbeck *y cols.*, 1998), efecto que es inhibido por el H-89 (Fruhbeck *y cols.*, 2001).

Otra vía que media los efectos de la leptina es la vía del óxido nítrico-GMPc, ya que cuando se administra leptina por vía sistémica a ratas Wistar, se produce un incremento en las concentraciones de óxido nítrico en el plasma (Fruhbeck, 1999); lo mismo ocurre en células endoteliales incubadas en presencia de la leptina (Winters *y cols.*, 2000).

En el oviducto de la coneja, ésta hormona activa a la proteína cinasa A, a la proteína cinasa MAPK (Mehebik *y cols.*, 2005) y a la proteína cinasa G (Butt *y cols.*, 2000), las cuales fosforilan moléculas de la vía del óxido nítrico activándola (Zerani *y cols.*, 2005), como lo determinaron Yu y cols., (1997a; 1997c), ya que la administración de la leptina en el tercer ventrículo incrementa las concentraciones plasmáticas de la hormona luteinizante, así como la liberación de óxido nítrico en el hipotálamo basal y en la hipófisis anterior.

Por su parte, Slomiany y Slomiany (2008a, b), mostraron que la leptina activa a la cinasa Src, por un lado, debido a la activación de la vía de la proteína cinasa MAPK y la proteína cinasa regulada por señales extracelulares, que conduce a un incremento en la síntesis de prostaglandinas; mientras que por el otro, involucra la activación de la vía de la proteína cinasa B, que resulta en la activación de la NOS y la activación de la cinasa Src. Cabe destacar que ambas vías tambien están involucradas en la inducción de la conducta de lordosis (González-Flores *y cols.*, 2004b; González-Flores *y cols.*, 2010).

El entrecruzamiento entre las vías de señalización es la base del modelo propuesto por Beyer *y cols.* (1980), en el cual se establecen las bases para la activación de la lordosis por agentes con muy diversas estructuras químicas. Los efectos de estos compuestos convergen en el receptor de la progesterona, mismo que para ser activado requiere de ser previamente fosforilado (O'Malley *y cols.*, 1991). El papel del receptor de la progesterona, como un efector común en la activación de la lordosis por diferentes compuestos es apoyado por los resultados que muestran que la antiprogestina RU486 bloquea la acción lordogénica de diversos compuestos como la prostaglandina E_2, el dibutiril AMPc, el péptido GnRH (Beyer *y cols.*, 1997), progestinas naturales y sintéticas (Beyer *y cols.*, 1995); así como la misma leptina (García-Juárez *y cols.*, 2011). Adicionalmente, la administración de compuestos como la prostaglandina E_2 (Rodríguez-Sierra y Komisaruk, 1978), el dibutiril AMPc (Beyer y Canchola, 1981) o pregnanos (Beyer *y cols.*, 1988) en áreas cerebrales ricas en receptores a progesterona (Kato, 1986) facilitan la receptividad.

Por otra parte, es probable que la activación de la lordosis por la leptina ocurra a través de la activación de neuronas liberadoras de GnRH, ya que la administración tanto sistémica como intracerebral de GnRH induce intensa conducta estral en ratas pretratadas con estradiol (Waring y Turgeon, 1983), y la administración de antide, bloquea la conducta de lordosis inducida por la administración central de metabolitos de la progesterona (Gómora-Arrati *y cols.*, 2008), así como de la misma leptina (García-Juárez *y cols.*, 2011). Sin embargo, las neuronas liberadoras de GnRH carecen de receptores α de estrógenos, (Hrabovszky *y cols.*, 2000; Hrabovszky *y cols.*, 2001), que se ha propuesto induce la síntesis de los receptores para la leptina, debido a que ambos colocalizan en el 100% de los casos en los núcleos estudiados y tan sólo en un 15% con la isoforma β del receptor de estrógenos (Chen *y cols.*, 2006); por lo tanto, la activación de las neuronas liberadoras de GnRH debe ocurrir de manera indirecta, debido a que las neuronas liberadoras de GnRH tampoco contienen receptores para la leptina y por ende requieren de interneuronas mediadoras (Quennell *y cols.*, 2009; Louis *y cols.*, 2011).

Si los efectos de la leptina siguen la vía de activación y liberación de GnRH, es probable que la leptina esté actuando a través de núcleos hipotalámicos como son el núcleo arqueado (Elmquist *y cols.*, 1998a; Hakansson *y cols.*, 1998), la eminencia media (Koylu *y cols.*, 1997) y el núcleo anteroventral periventricular del hipotálamo (Smith *y cols.*, 2006; Kauffman *y cols.*, 2007). De tal manera que estimulan a las neuronas del núcleo arqueado del hipotálamo, que sintetizan pro-opiomelanocortina y hormona estimuladora de los melanocitos α y al mismo tiempo inhiben a las neuronas que sintetizan neuropéptido Y, así como a la proteína relacionada con el gen aguti (Zigman y Elmquist, 2003). Estas neuronas envían proyecciones del núcleo arqueado a los núcleos ventromedial, paraventricular, perifornical dorsomedial y al área hipotalámica lateral, por lo que los efectos de la leptina sobre la reproducción podrían ocurrir en células que expresan pro-opiomelanocortina y al neuropéptido Y para modular la liberación de GnRH (Hill *y cols.*, 2008b). Adicionalmente, las proyecciones de la eminencia media también podrían mediar la estimulación producida por la leptina sobre los pulsos de GnRH (Parent *y cols.*, 2000), a través de la liberación del transcrito regulado por anfetamina y cocaína (ver Figura 8; Lebrethon *y cols.*, 2000; Parent *y cols.*, 2000).

Otra posibilidad es que la leptina podría actuar a través de neuronas liberadoras de Kisspeptina, ya que la administración intracerebral de éste péptido estimula la liberación de gonadotrofinas en el ratón (Gottsch *y cols.*, 2004), y se sabe que el receptor de la Kisspeptina es expresado de manera abundante en neuronas liberadoras de GnRH (Aparicio, 2005), localizadas en el núcleo anteroventral periventricular y en el núcleo arqueado (Smith *y cols.*, 2006; Kauffman *y cols.*, 2007). Por lo que el efecto de los inhibidores que administramos en el presente trabajo y que produjeron una inhibición diferencial en la expresión de la conducta de lordosis, puede deberse a su acción en los diferentes núcleos hipotalámicos sensibles a la leptina y que a través de proyecciones axónicas modulan la actividad de los núcleos encargados de regular la expresión de la conducta sexual como son el hipotálamo ventromedial y el área preóptica media (Pfaff *y cols.*, 1994; 2006). Esta propuesta es apoyada por los resultados obtenidos en nuestro laboratorio, en los cuales mostramos que la administración del inhibidor del receptor tipo 1 de la GnRH, antide, y el inhibidor del receptor a progesterona, el RU486, inhiben la expresión de la conducta de lordosis inducida por la administración central de la leptina en ratas pretratadas con estrógenos (García-Juárez *y cols.*, 2011), lo que sugiere que deben existir interneuronas involucradas para mediar el efecto de la leptina en la liberación de GnRH y la activación del receptor a progesterona para incrementar la receptividad sexual en la hembra ovariectomizada pretratada con estrógenos.

El otro mecanismo involucrado en la mediación de los efectos de la leptina podría ser el que involucra las poblaciones de neuronas que producen óxido nítrico, ya que las áreas cerebrales que presentan mayor expresión de la enzima NOS son el núcleo supraóptico y el núcleo paraventricular del hipotálamo; éstos núcleos envían proyecciones a la eminencia media y al lóbulo neural de la hipófisis, el cual contiene también grandes cantidades de la isoforma neuronal de la NOS (McCann y Rettori, 1996), dichos núcleos podrían ser los mediadores en la señalización de la leptina para liberar GnRH y activar a las vías descendentes involucradas en la facilitación de la lordosis (Pfaff *y cols.*, 1994; Pfaff *y cols.*, 2006).

Como es evidente, el mecanismo celular a través del cual la leptina activa la conducta estral aún no es muy claro; sin embargo, nuestros resultados apoyan la participación de diversas cinasas en la señalización activada por la leptina para traducir su efecto sobre la conducta. Se sabe que una vez que la leptina se une a su receptor ObRb, éste activa diferentes vías de señalización. En primer lugar activa a la cinasa JAK2 la cual se encuentra asociada de manera constitutiva a su dominio citoplásmico (Ghilardi y Skoda, 1997), de tal manera que la JAK2 tendría su mayor actividad en los núcleos cerebrales que expresan al receptor de la leptina, como son el núcleo arqueado, el núcleo ventromedial, el núcleo dorsomedial, el área hipotalámica lateral (Fei *y cols.*, 1997), el área anteroventral periventricular y el área preóptica (Irwig *y cols.*, 2004); sin embargo, la JAK2 no es la única cinasa activada en neuronas que expresan receptores de leptina, ya que se conoce que la unión del péptido con su receptor activa de manera indirecta a las proteínas cinasas MAPK y Src (Ghilardi y Skoda, 1997; Bjorbaek *y cols.*, 2001), sugiriendo que estas cinasas también son importantes en la señalización intracelular activada por leptina en sus células blanco.

Además, se ha observado que la activación del receptor tipo 1 para la GnRH, en líneas celulares de la adenohipófisis incrementa la actividad de la PKA y la PKC, con el consecuente incremento en la actividad del receptor de la progesterona como factor de transcripción (An *y cols.*, 2009), por lo que es posible que la mayor actividad de éstas cinasas, inducida de manera indirecta por la leptina, ocurra en gonadotropos adenohipofisiarios por acción de la GnRH para la liberación de FSH y LH. Cabe señalar que al igual que en las neuronas que contiene receptores ObRb, en los gonadotropos también se ha encontrado un incremento en la actividad de las cinasas Src y MAPK por acción de la GnRH sobre su receptor (Kraus *y cols.*, 2001).

Por otra parte, Schneider (2004) ha propuesto que el papel de la leptina es más complejo que el de una hormona antiobesidad y sostiene que los mecanismos que controlan la ingesta de alimento y el almacenamiento de reservas de energía, así como el gasto energético son heredables, permitiendo a los organismos sobrevivir hasta la madurez reproductiva, lo cual les confiere una ventaja adaptativa. Esto explica por qué los mecanismos que controlan el balance energético están integrados con aquellos que controlan la reproducción (Wade y Schneider, 1992; Wade *y cols.*, 1996), ya que cuando las reservas energéticas están completas y los requerimientos energéticos son bajos, la energía está disponible para que el organismo realice inversiones de largo plazo, tales como el crecimiento, la maduración y la reproducción. Contrariamente, cuando la disponibilidad de alimento o el balance energético son negativos, los mecanismos fisiológicos favorecen aquellos procesos que aseguran la sobrevivencia del individuo sobre los que promueven el crecimiento y la reproducción. De esta manera, los procesos fisiológicos que promueven el forrajeo, la ingesta de alimento y el almacenamiento de energía reciben prioridad sobre la reproducción, la cual puede ser retrasada cuando la sobrevivencia del individuo está en peligro (Bronson, 1986, 1988). Así, los procesos evolutivos seleccionaron redundancias en los circuitos responsables de la reproducción, cuyo fin último es asegurar el éxito reproductivo y la transmisión de genes a la siguiente generación; por lo que la leptina más allá de ser una hormona antiobesidad, indica al sistema nervioso central el estado energético que guarda el organismo y de esta manera promueve la reprogramación de los eventos fisiológicos para el uso óptimo de las reservas energéticas, ya sea para la sobrevivencia del organismo o bien para la perpetuación de la especie. La propuesta de Schneider (2004) es apoyada por las de Maffei *y cols.* (1995) y Hill *y cols*, (2008a) quines propusieron que la leptina únicamente señala los cambios del estatus energético hacia el eje hipotálamo-hipófisis-gónadas, utilizando para ello la misma señalización que regula la ingesta de alimentos y la que activa la conducta sexual, a través de un délicado equilibrio entre los mecanismos que regulan el balance energético y la receptividad sexual, a través de los diferentes núcleos hipotalámicos, principalmente el núcleo arqueado y el núcleo paraventricular, los cuales muestran una muy densa población de receptores para la leptina (Elmquist *y cols.*, 1998b; Hakansson *y cols.*, 1998), y que son también fundamentales para la regulación de la reproducción (Pfaff y Sakuma, 1979; Ogura *y cols.*, 2001).

Así, en el presente trabajo hemos mostrado que la leptina es un inductor de la receptividad sexual en la rata, evaluada a través de la conducta de lordosis y que su efecto lo ejerce a través de la activación de diferentes proteínas cinasas. Estas vías de señalización podrían converger para estimular la liberación de hormona luteinizante y la activación del receptor de la progesterona, probablemente a través de la fosforilación. El incremento en la actividad de estos receptores podría participar en la activación de núcleos hipotalámicos, como son el hipotálamo ventromedial y el área preóptica media, los cuales son los responsables de facilitar el reflejo de lordosis en la rata.

8. CONCLUSIONES

Los resultados obtenidos en el presente trabajo nos permiten concluir que:

1. La administración intracerebroventricular de 1 y 3 µg de leptina indujeron conducta de lordosis, en el modelo de la rata ovariectomizada pretratada con estrógenos.
2. La administración de los inhibidores de la sintasa del óxido nítrico, guanilato ciclasa, y de la proteína cinasa G, redujeron de manera significativa la expresión de la conducta de lordosis, en el modelo de la rata ovariectomizada, pretratada con estrogenos, por lo que la vía del óxido nítrico es mediadora relevante de la acción de la leptina en la expresión de la conducta de lordosis.
3. La disminución en la respuesta de lordosis, por la administración de los inhibidores de las cinasas JAK2, Src y cinasa A, muestra la participan dichas enzimas en la señalización producida por la leptina para la activación de la conducta de lordosis.
4. La proteína cinasa C, juega tan sólo un papel secundario en el efecto de la leptina, sobre la expresión de la conducta de lordosis, ya que el inhibidor de ésta cinasa no produjo una clara inhibición a lo largo de los periodos de evaluación de la conducta.
5. El efecto del inhibidor de la proteína cinasa MAPK sobre la conducta de lordosis fue muy intenso, lo que sugiere que ésta enzima es un mediador muy importante de los efectos de la leptina para la expresión de la conducta de lordosis, por lo que es probable que sea la integradora de las señales que se requiere para la facilitación del reflejo de lordosis.
6. Nuestros resultados apoyan la participación de la comunicación cruzada entre la señalización iniciada a nivel de la membrana por la unión de la leptina con su receptor, la activación de los receptores intracelulares de la progesterona y la activación de la conducta de lordosis.

9. REFERENCIAS

Abram CL, Courtneidge SA. (2000). Src family tyrosine kinases and growth factor signaling. *Exp Cell Res* **254,** 1-13.

Acosta-Martínez M, González-Flores O, Etgen AM. (2006). The role of progestin receptors and the mitogen-activated protein kinase pathway in delta opioid receptor facilitation of female reproductive behaviors. *Horm Behav* **49,** 458-462.

Agmo A, Soria P, Paredes R. (1989). Gabaergic drugs and lordosis behavior in the female rat. *Horm Behav* **23,** 368-389.

Ahima RS. (2000). Leptin and the neuroendocrinology of fasting. *Front Horm Res* **26,** 42-56.

Ahima RS, Osei SY. (2004). Leptin signaling. *Physiol Behav* **81,** 223-241.

Ahima RS, Prabakaran D, Flier JS. (1998). Postnatal leptin surge and regulation of circadian rhythm of leptin by feeding. Implications for energy homeostasis and neuroendocrine function. *J Clin Invest* **101,** 1020-1027.

Ahima RS, Prabakaran D, Mantzoros C, Qu D, Lowell B, Maratos-Flier E, Flier JS. (1996). Role of leptin in the neuroendocrine response to fasting. *Nature* **382,** 250-252.

Amico JA, Thomas A, Crowley RS, Burmeister LA. (1998). Concentrations of leptin in the serum of pregnant, lactating, and cycling rats and of leptin messenger ribonucleic acid in rat placental tissue. *Life Sci* **63,** 1387-1395.

An B-S, Poon SL, So W-K, Hammond GL, Leung PCK. (2009). Rapid effect of GnRH1 on follicle-stimulating hormone beta gene expression in lbetaT2 mouse pituitary cells requires the progesterone receptor. *Biol Reprod* **81,** 243-249.

Aparicio SA. (2005). Kisspeptins and GPR54--the new biology of the mammalian GnRH axis. *Cell Metab* **1,** 293-296.

Attoub S, Noe V, Pirola L, Bruyneel E, Chastre E, Mareel M, Wymann MP, Gespach C. (2000). Leptin promotes invasiveness of kidney and colonic epithelial cells via phosphoinositide 3-kinase-, rho-, and rac-dependent signaling pathways. *FASEB J* **14,** 2329-2338.

Austin CR, Braden AW. (1954). Time relations and their significance in the ovulation and penetration of eggs in rats and rabbits. *Aust J Biol Sci* **7,** 179-194.

Bado A, Levasseur S, Attoub S, Kermorgant S, Laigneau JP, Bortoluzzi MN, Moizo L, Lehy T, Guerre-Millo M, Le Marchand-Brustel Y, Lewin MJ. (1998). The stomach is a source of leptin. *Nature* **394,** 790-793.

Bahrenberg G, Behrmann I, Barthel A, Hekerman P, Heinrich PC, Joost HG, Becker W. (2002). Identification of the critical sequence elements in the cytoplasmic domain of leptin receptor isoforms required for Janus kinase/signal transducer and activator of transcription activation by receptor heterodimers. *Mol Endocrinol* **16,** 859-872.

Banks WA. (2004). The many lives of leptin. *Peptides* **25,** 331-338.

Banks WA, Clever CM, Farrell CL. (2000). Partial saturation and regional variation in the blood-to-brain transport of leptin in normal weight mice. *Am J Physiol Endocrinol Metab* **278,** E1158-1165.

Banks WA, Kastin AJ, Huang W, Jaspan JB, Maness LM. (1996). Leptin enters the brain by a saturable system independent of insulin. *Peptides* **17,** 305-311.

Barash IA, Cheung CC, Weigle DS, Ren H, Kabigting EB, Kuijper JL, Clifton DK, Steiner RA. (1996). Leptin is a metabolic signal to the reproductive system. *Endocrinology* **137,** 3144-3147.

Barfield RJ, Rubin BS, Glaser JH, Davris PG. (1983). Sites of action of ovarian hormones in the regulation of estrous responsiveness in the rat. In *Hormones and Behavior in Higher vertebrates*, ed. Balthazart J, Prove E, Giles R, pp. 2-17. Springer Verlag, Berlin.

Bates SH, Myers MG, Jr. (2003). The role of leptin receptor signaling in feeding and neuroendocrine function. *Trends Endocrinol Metab* **14,** 447-452.

Beach FA. (1942). Importance of progesterone to induction of sexual receptivity in spayed female rats. *Proc Soc Exp Biol Med* **51,** 369-371.

Beach FA. (1967). Cerebral and hormonal control of reflexive mechanism involved in copulatory behavior. *Physiol Rev* **47,** 289-316.

Beach FA. (1976). Sexual attractivity, proceptivity and receptivity in female mammals. *Horm Behav* **2,** 105-138.

Beato M, Sánchez-Pacheco A. (1996). Interaction of steroid hormone receptors with the transcription initiation complex. *Endocr Rev* **17,** 587-609.

Beebe SJ, Corbin JD. (1984). Rat adipose tissue cAMP-dependent protein kinase: a unique form of type II. *Mol Cell Endocrinol* **36,** 67-78.

Beebe SJ, Corbin JD. (1986). Cyclic nucleotide-dependent protein kinases. In *The Enzymes: Control by Phosphorylation*, 3rd edn, ed. Boyer PD, Krebs EG, pp. 43-111. Academic Press, New York.

Berman HM, Ten Eyck LF, Goodsell DS, Haste NM, Kornev A, Taylor SS. (2005). The cAMP binding domain: an ancient signaling module. *Proc Natl Acad Sci USA* **102,** 45-50.

Bernotiene E, Palmer G, Gabay C. (2006). The role of leptin in innate and adaptive immune responses. *Arthritis Res Ther* **8,** 217-226.

Berridge MJ. (1985). The molecular basis of communication whitin the cell. *Sci Am* **253,** 124-134.

Berti L, Gammeltoft S. (1999). Leptin stimulates glucose uptake in C2C12 muscle cells by activation of ERK2. *Mol Cell Endocrinol* **157,** 121-130.

Beyer C, Banas C, Gonzalez-Flores O, Komisaruk BR. (1989). Blockage of substance P-induced scratching behavior in rats by the intrathecal administration of inhibitory amino acid agonists. *Pharmacol Biochem Behav* **34,** 491-495.

Beyer C, Canchola E. (1981). Facilitation of progesterone induced lordosis behavior by phosphodiesterase inhibitors in estrogen primed rats. *Physiol Behav* **27,** 731-733.

Beyer C, Canchola E, Cruz ML, Larsson K. (1980). A model for explaining estrogen progesterone interactions in induction of lordosis behavior. In *Endocrinology*, ed. Cumming IA, Funder JW, Mendelsohn FAD, pp. 615-618. Australian Academic of Sciences, Canberra.

Beyer C, Gomora P, Canchola E, Sandoval Y. (1982). Pharmacological evidence that LH-RH action on lordosis behavior is mediated throught a rise in cAMP. *Horm Behav* **16,** 107-112.

Beyer C, González-Flores O, García-Juárez M, González-Mariscal G. (2003). Non-ligand activation of estrous behavior in rodents: cross-talk at the progesterone receptor. *Scand J Psychol* **44,** 221-229.

Beyer C, González-Flores O, González-Mariscal G. (1995). Ring A reduced progestins potently stimulate estrous behavior in rats: paradoxical effect through the progesterone receptor. *Physiol Behav* **58,** 985-993.

Beyer C, González-Flores O, González-Mariscal G. (1997). Progesterone receptor participates in the stimulatory effect of LHRH, prostaglandin E_2 and cyclic AMP on lordosis and proceptive behavior in rats. *J Neuroendocrinol* **9,** 609-614.

Beyer C, González-Mariscal G. (1986). Elevation in hypothalamic cyclic AMP as a common factor in the facilitation of lordosis in rodents: a working hypothesis. *Ann NY Acad Sci* **474,** 270-281.

Beyer C, González-Mariscal G. (1991). Effects of progesterone and natural progestins in brain. In *Reproduction, growth and development*, ed. Negro Vilar A, Pérez-Palacios G, pp. 199-208. Raven Press, New York.

Beyer C, González-Mariscal G, Eguibar JR, Gomora P. (1988). Lordosis facilitation in estrogen primed rats by intrabrain injection of pregnanes. *Pharmacol Biochem Behav* **31,** 919-926.

Bi R, Foy MR, Vouimba RM, Thompson RF, Baudry M. (2001). Cyclic changes in estradiol regulate synaptic plasticity through the MAP kinase pathway. *Proc Natl Acad Sci USA* **98,** 13391-13395.

Bjorbaek C, Buchholz RM, Davis SM, Bates SH, Pierroz DD, Gu H, Neel BG, Myers MG, Jr., Flier JS. (2001). Divergent roles of SHP-2 in ERK activation by leptin receptors. *J Biol Chem* **276,** 4747-4755.

Bjorbaek C, Uotani S, da Silva B, Flier JS. (1997). Divergent signaling capacities of the long and short isoforms of the leptin receptor. *J Biol Chem* **272,** 32686-32695.

Blaustein JD. (1982). Progesterone in high doses may overcome progesterone's desensitization effect on lordosis by translocation of hypothalamic progestin receptors. *Horm Behav* **16,** 175-190.

Blaustein JD, Erskine MS. (2002). Feminine sexual behavior: Cellular integration of hormonal and afferent information in the rodent forebrain. In *Hormones, Brain and Behavior*, 1st edn, ed. Pfaff DW, Arnold AP, Etgen AM, Fahrbach SE, Rubin RT, pp. 139-214. Elsevier Science, San Diego, CA.

Blaustein JD, Feder HH. (1979). Cytoplasmic progestin receptors in guinea pig brain: characteristics and relationship to the induction of sexual behavior. *Brain Res* **169,** 481-497.

Blaustein JD, Turcotte JC. (1989). Estradiol-induced progestin receptor immunoreactivity is found only in estrogen receptor-immunoreactive cells in guinea pig brain. *Neuroendocrinology* **49,** 454-461.

Blum WF, Englaro P, Hanitsch S, Juul A, Hertel NT, Muller J, Skakkebaek NE, Heiman ML, Birkett M, Attanasio AM, Kiess W, Rascher W. (1997). Plasma leptin levels in healthy children and adolescents: dependence on body mass index, body fat mass, gender, pubertal stage, and testosterone. *J Clin Endocrinol Metab* **82,** 2904-2910.

Boling JL, Blandau R. (1939). The estrogen-progesterone induction of mating responses in the spayed female rats. *Endocrinology* **25,** 359-364.

Bouret SG, Draper SJ, Simerly RB. (2004). Trophic action of leptin on hypothalamic neurons that regulate feeding. *Science* **304,** 108-110.

Bouret SG, Simerly RB. (2004). Minireview: Leptin and development of hypothalamic feeding circuits. *Endocrinology* **145,** 2621-2626.

Bouret SG, Simerly RB. (2007). Development of leptin-sensitive circuits. *J Neuroendocrinol* **19,** 575-582.

Bredt DS, Hwang PM, Snyder SH. (1990). Localization of nitric oxide synthase indicating a neural role for nitric oxide. *Nature* **347,** 768-770.

Bredt DS, Snyder SH. (1992). Nitric oxide, a novel neuronal messenger. *Neuron* **8,** 3-11.

Bredt DS, Snyder SH. (1994a). Nitric oxide: a physiologic messenger molecule. *Annu Rev Biochem* **63,** 175-195.

Bredt DS, Snyder SH. (1994b). Transient nitric oxide synthase neurons in embryonic cerebral cortical plate, sensory ganglia, and olfactory epithelium. *Neuron* **13,** 301-313.

Bronson FH. (1986). Food-restricted, prepubertal, female rats: rapid recovery of luteinizing hormone pulsing with excess food, and full recovery of pubertal development with gonadotropin-releasing hormone. *Endocrinology* **118,** 2483-2487.

Bronson FH. (1988). Effect of food manipulation on the GnRH-LH-estradiol axis of young female rats. *Am J Physiol* **254,** R616-621.

Brown TJ, Blaustein JD. (1984). Inhibition of sexual behavior in female guinea pigs by a progestin receptor antagonist. *Brain Res* **301,** 343-349.

Brown TJ, Moore MJ, Blaustein JD. (1987). Maintenance of progesterone-facilitated sexual behavior in female rats requires continued hypothalamic protein synthesis and nuclear progestin receptor occupation. *Endocrinology* **121,** 298-304.

Butcher RL, Collins WF, Fugo NW. (1974). Plasma concentration of LH, FSH, prolactin, progesterone and stradiol-17b throughout the 4-day cycle of the rat. *Endocrinology* **94,** 1704-1708.

Butt E, Bernhardt M, Smolenski A, Kotsonis P, Frohlich LG, Sickmann A, Meyer HE, Lohmann SM, Schmidt HH. (2000). Endothelial nitric-oxide synthase (type III) is activated and becomes calcium independent upon phosphorylation by cyclic nucleotide-dependent protein kinases. *J Biol Chem* **275,** 5179-5187.

Caldwell JD, Prange AJ, Pedersen CA. (1986). Oxytocin facilitates the sexual receptivity of estrogen-treated female rats. *Neuropeptides* **7,** 175-189.

Camacho-Arroyo I, Pérez-Palacios G, Pasapera AM, Cerbón MA. (1994). Intracelullar progesterone receptors are diferentially regulated by sex steroid hormones in the hypothalamus and the cerebral cortex of the rabbit. *J Steroid Biochem Mol Biol* **50,** 299-303.

Catalano S, Marsico S, Giordano C, Mauro L, Rizza P, Panno ML, Ando S. (2003). Leptin enhances, via AP-1, expression of aromatase in the MCF-7 cell line. *J Biol Chem* **278,** 28668-28676.

Catalano S, Mauro L, Marsico S, Giordano C, Rizza P, Rago V, Montanaro D, Maggiolini M, Panno ML, Ando S. (2004). Leptin induces, via ERK1/ERK2 signal, functional activation of estrogen receptor alpha in MCF-7 cells. *J Biol Chem* **279,** 19908-19915.

Ceddia RB. (2005). Direct metabolic regulation in skeletal muscle and fat tissue by leptin: implications for glucose and fatty acids homeostasis. *Int J Obes (Lond)* **29,** 1175-1183.

Cenni B, Picard D. (1999). Ligand-idependent activation of steroid receptors: New roles for old players. *Trends Endocrinol Metab* **10,** 41-46.

Cohen SM, Werrmann JG, Tota MR. (1998). 13C NMR study of the effects of leptin treatment on kinetics of hepatic intermediary metabolism. *Proc Natl Acad Sci USA* **95,** 7385-7390.

Coleman DL. (1973). Effects of parabiosis of obese with diabetes and normal mice. *Diabetologia* **9,** 294-298.

Coleman DL. (1978). Obese and diabetes: two mutant genes causing diabetes-obesity syndromes in mice. *Diabetologia* **14,** 141-148.

Cone RD, Cowley MA, Butler AA, Fan W, Marks DL, Low MJ. (2001). The arcuate nucleus as a conduit for diverse signals relevant to energy homeostasis. *Int J Obes Relat Metab Disord* **5 (25 Suppl.),** S63-S67.

Corbin JD, Keely SL, Park CR. (1975a). The distribution and dissociation of cyclic adenosine 3':5'-monophosphate-dependent protein kinases in adipose, cardiac, and other tissues. *J Biol Chem* **250,** 218-225.

Corbin JD, Keely SL, Soderling TR, Park CR. (1975b). Hormonal regulation of adenosine 3',5'-monophosphate-dependent protein kinase. *Adv Cyclic Nucleotide Res* **5,** 265-279.

Couturier C, Jockers R. (2003). Activation of the leptin receptor by a ligand-induced conformational change of constitutive receptor dimers. *J Biol Chem* **278,** 26604-26611.

Cowley MA, Smart JL, Rubinstein M, Cerdan MG, Diano S, Horvath TL, Cone RD, Low MJ. (2001). Leptin activates anorexigenic POMC neurons through a neural network in the arcuate nucleus. *Nature* **411,** 480-484.

Cumin F, Baum HP, Levens N. (1996). Leptin is cleared from the circulation primarily by the kidney. *Int J Obes Relat Metab Disord* **20,** 1120-1126.

Cusin I, Rohner-Jeanrenaud F, Stricker-Krongrad A, Jeanrenaud B. (1996). The weight-reducing effect of an intracerebroventricular bolus injection of leptin in genetically obese fa/fa rats. Reduced sensitivity compared with lean animals. *Diabetes* **45,** 1446-1450.

Chehab F, Lim M, Lu R. (1996). Correction of the sterility defect in homozygous obese female mice by treatment with the human recombinant leptin. *Nat Genetics* **12,** 318-320.

Chen HP, Fan J, Cui S. (2006). Detection and estrogen regulation of leptin receptor expression in rat dorsal root ganglion. *Histochem Cell Biol* **126,** 363-369.

Chen NG, Romsos DR. (1997). Persistently enhanced sensitivity of pancreatic islets from ob/ob mice to PKC-stimulated insulin secretion. *Am J Physiol* **272,** E304-311.

Cheng KW, Leung P. (2000). The expression, regulation and signal transduction pathways of the mammalian gonadotropin-releasing hormone receptor. *Can J Physiol Pharmacol* **78,** 1029-1050.

Cheung CC, Thornton JE, Kuijper JL, Weigle DS, Clifton DK, Steiner RA. (1997). Leptin is a metabolic gate for the onset of puberty in the female rat. *Endocrinology* **138,** 855-858.

Chu HP, Etgen AM. (1997). A potential role of cyclic GMP in the regulation of lordosis behavior of female rats. *Horm Behav* **32,** 125-132.

Chu HP, Morales JC, Etgen AM. (1999). Cyclic GMP may potentiate lordosis behaviour by progesterone receptor activation. *J Neuroendocrinol* **11,** 107-113.

Chua SC, Jr., Koutras IK, Han L, Liu SM, Kay J, Young SJ, Chung WK, Leibel RL. (1997). Fine structure of the murine leptin receptor gene: splice site suppression is required to form two alternatively spliced transcripts. *Genomics* **45,** 264-270.

Chung WK, Goldberg-Berman J, Power-Kehoe L, Leibel RL. (1996). Molecular mapping of the tubby (tub) mutation on mouse chromosome 7. *Genomics* **32,** 210-217.

Dawson TM, Dawson VL, Snyder SH. (1992). A novel neuronal messenger molecule in brain: the free radical, nitric oxide. *Ann Neurol* **32,** 297-311.

Dawson TM, Snyder SH. (1994). Gases as biological messengers: nitric oxide and carbon monoxide in the brain. *J Neurosci* **14,** 5147-5159.

Dawson VL, Dawson TM. (1996). Nitric oxide actions in neurochemistry. *Neurochem Int* **29,** 97-110.

DeBold J, Malsbury CW. (1989). Facilitation of sexual receptivity by hypothalamic and midbrain implants of progesterone in female hamsters. *Physiol Behav* **46,** 655-660.

Dey FL, Lenninger CR, Ranson SW. (1942). The effects of hypothalamic lesions on mating behavior in female guinea pigs. *Endocrinology* **30,** 323-326.

Dixit VD, Mielenz M, Taub DD, Parvizi N. (2003). Leptin induces growth hormone secretion from peripheral blood mononuclear cells via a protein kinase C- and nitric oxide-dependent mechanism. *Endocrinology* **144,** 5595-5603.

Dohanich GP, Barr PJ, Witcher JA, Clemens LG. (1984). Pharmacological and anatomical aspects of cholinergic activation of female sexual behavior. *Physiol Behav* **32,** 1021-1026.

Edwards DP, Wardell SE, Boonyaratanakornkit V. (2002). Progesterone receptor interacting corregulatory proteins and crosstalk with cell signaling pathways. *J Steroid Biochem Mol Biol* **83,** 173-186.

Edwards DP, Wardell SE, Boonyaratanakornkit V. (2003). Progesterone receptor interacting coregulatory proteins and cross talk with cell signaling pathways. *J Steroid Biochem* **83,** 173-186.

Elmquist JK, Ahima RS, Elias CF, Flier JS, Saper CB. (1998a). Leptin activates distinct projections from the dorsomedial and ventromedial hypothalamic nuclei. *Proc Natl Acad Sci USA* **95,** 741-746.

Elmquist JK, Bjorbaek C, Ahima RS, Flier JS, Saper CB. (1998b). Distributions of leptin receptor mRNA isoforms in the rat brain. *J Comp Neurol* **395,** 535-547.

Elmquist JK, Coppari R, Balthasar N, Ichinose M, Lowell BB. (2005). Identifying hypothalamic pathways controlling food intake, body weight, and glucose homeostasis. *J Comp Neurol* **493,** 63-71.

Ellacott KL, Halatchev IG, Cone RD. (2006). Characterization of leptin-responsive neurons in the caudal brainstem. *Endocrinology* **147,** 3190-3195.

English JM, Cobb MH. (2002). Pharmacological inhibitors of MAPK pathways. *Trends Pharmacol Sci* **23,** 40-45.

Etgen AM. (1984). Progestin receptor and the activation of female reproductive behavior: a critical review. *Horm Behav* **18,** 411-430.

Etgen AM, Acosta-Martínez M. (2003). Participation of growth factor signal transduction pathways in estradiol-facilitation of female reproductive behavior. *Endocrinology* **144,** 3828-3835.

Etgen AM, Chu HP, Fiber JM, Karkanias GB, Morales JM. (1999). Hormonal integration of neurochemical and sensory signals governing female reproductive behavior. *Behav Brain Res* **105,** 93-103.

Everett JW. (1948). Progesterone and estrogen in the experimental control of ovulation time and other features of the estrous cycle in the rat. *Endocrinology* **43,** 389-405.

Farooqi IS. (2002). Leptin and the onset of puberty: insights from rodent and human genetics. *Semin Reprod Med* **20,** 139-144.

Fei H, Okano HJ, Li C, Lee GH, Zhao C, Darnell R, Friedman JM. (1997). Anatomic localization of alternatively spliced leptin receptors (Ob-R) in mouse brain and other tissues. *Proc Natl Acad Sci USA* **94,** 7001-7005.

Fernández-Guasti A, Rodríguez-Manzo G, Beyer C. (1983). Effect of guanine derivatives on lordosis behavior in estrogen primed rats. *Physiol Behav* **31,** 589-592.

Flier JS, Maratos-Flier E. (1998). Obesity and the hypothalamus: novel peptides for new pathways. *Cell* **92,** 437-440.

Fong TM, Huang RR, Tota MR, Mao C, Smith T, Varnerin J, Karpitskiy VV, Krause JE, Van der Ploeg LH. (1998). Localization of leptin binding domain in the leptin receptor. *Mol Pharmacol* **53,** 234-240.

Franck JA, Ward IL. (1981). Intralimbic progesterone and methysergide facilitate lordotic behavior in estrogen-primed female rats. *Neuroendocrinology* **32,** 50-56.

Freeman ME. (1994). The neuroendocrine control of the ovarian cycle of the rat. In *The Physiology of Reproduction*, ed. Knobil E, Neill JD, pp. 613-658. Raven Press, New York.

Fruhbeck G. (1999). Pivotal role of nitric oxide in the control of blood pressure after leptin administration. *Diabetes* **48,** 903-908.

Fruhbeck G, Aguado M, Gomez-Ambrosi J, Martinez JA. (1998). Lipolytic effect of in vivo leptin administration on adipocytes of lean and ob/ob mice, but not db/db mice. *Biochem Biophys Res Commun* **250,** 99-102.

Fruhbeck G, Gomez-Ambrosi J, Salvador J. (2001). Leptin-induced lipolysis opposes the tonic inhibition of endogenous adenosine in white adipocytes. *FASEB J* **15,** 333-340.

Frye CA, Walf AA. (2007). In the ventral tegmental area, the membrane-mediated actions of progestins for lordosis of hormone-primed hamsters involve phospholipase C and protein kinase C. *J Neuroendocrinol* **19,** 717-724.

García-Juárez M, Beyer C, Soto-Sánchez A, Domínguez-Ordoñez R, Gómora-Arrati P, Lima-Hernández FJ, Eguibar JR, Etgen AM, González-Flores O. (2011). Leptin facilitates lordosis behavior through GnRH-1 and progestin receptors in estrogen-primed rats. *Neuropeptides* **45,** 63-67.

Garthwaite J, Charles SL, Chess-Williams R. (1988). Endothelium-derived relaxing factor release on activation of NMDA receptors suggests role as intercellular messenger in the brain. *Nature* **336,** 385-388.

Ge H, Huang L, Pourbahrami T, Li C. (2002). Generation of soluble leptin receptor by ectodomain shedding of membrane-spanning receptors in vitro and in vivo. *J Biol Chem* **277,** 45898-45903.

Ghilardi N, Skoda RC. (1997). The leptin receptor activates janus kinase 2 and signals for proliferation in a factor-dependent cell line. *Mol Endocrinol* **11,** 393-399.

Ghoreschi K, Laurence A, O'Shea JJ. (2009). Janus kinases in immune cell signaling. *Immunol Rev* **228,** 273-287.

Girault JA. (1993). Protein phosphorylation and dephosphorylation in mammalian central nervous system. *Neurochem Int* **23,** 1-25.

Glaser JH, Etgen AM, Barfield RJ. (1985). Intrahypothalamic effects of progestin agonists on estrous behavior and progestin receptor binding. *Physiol Behav* **34,** 871-877.

Gómora-Arrati P, Beyer C, Lima-Hernández FJ, Gracia ME, Etgen AM, González-Flores O. (2008). GnRH mediates estrous behavior induced by ring A reduced progestins and vaginocervical stimulation. *Behav Brain Res* **187,** 1-8.

González-Flores O, Beyer C, Gómora-Arrati P, García-Juárez M, Lima-Hernández FJ, Soto-Sánchez A, Etgen AM. (2010). A role for Src kinase in progestin facilitation of estrous behavior in estradiol-primed female rats. *Horm Behav* **58,** 223-229.

González-Flores O, Beyer C, Lima-Hernández FJ, Gómora-Arrati P, Gómez-Camarillo MA, Hoffman K, Etgen AM. (2007). Facilitation of estrous behavior by vaginal cervical stimulation in female rats involves alpha1-adrenergic receptor activation of the nitric oxide pathway. *Behav Brain Res* **176,** 237-243.

González-Flores O, Etgen AM. (2004). The nitric oxide pathway participates in estrous behavior induced by progesterone and some of rig A-reduced metabolites. *Horm Behav* **45,** 50-57.

González-Flores O, Gómora-Arrati P, García-Juárez M, Gómez-Camarillo MA, Lima-Hernández FJ, Beyer C, Etgen AM. (2009). Nitric oxide and ERK/MAPK mediation of estrous behavior induced by GnRH, PGE_2 and db-cAMP in rats. *Physiol Behav* **96,** 606-612.

González-Flores O, Guerra-Araiza C, Cerbon M, Camacho-Arroyo I, Etgen AM. (2004a). The 26S proteasome participates in the sequential inhibition of estrous behavior induced by progesterone in rats. *Endocrinology* **145,** 2328-2336.

González-Flores O, Ramírez-Orduña JM, Lima-Hernández FJ, García-Juárez M, Beyer C. (2006). Differential effect of kinase A and C blockers on lordosis facilitation by progesterone and its metabolites in ovariectomized estrogen-primed rats. *Horm Behav* **49,** 398-404.

González-Flores O, Shu J, Camacho-Arroyo I, Etgen AM. (2004b). Regulation of lordosis by cyclic 3',5'-guanosine monophosphate, progesterone, and its 5alpha-reduced metabolites involves mitogen-activated protein kinase. *Endocrinology* **145,** 5560-5567.

González-Mariscal G, González-Flores O, Beyer C. (1989). Intrahypothalamic injection of RU486 antagonizes the lordosis induced by ring A-reduced progestins. *Physiol Behav* **46,** 435-438.

González-Mariscal G, Melo AI, Beyer C. (1993). Progesterone but not LHRH or prostaglandin E2, induces sequential inhibition of lordosis to various lordogenic agents. *Neuroendocrinology* **57,** 940-945.

Gorzalka BB, Whalen RE. (1977). The effects of progestins, mineralocorticoids glucocorticoids and stertoid solubility on the induction of sexual receptivity in rats. *Horm Behav* **8,** 94-99.

Gotti S, Sica M, Viglietti-Panzica C, Panzica G. (2005). Distribution of nitric oxide synthase immunoreactivity in the mouse brain. *Microsc Res Tech* **68,** 13-35.

Gottsch ML, Cunningham MJ, Smith JT, Popa SM, Acohido BV, Crowley WF, Seminara S, Clifton DK, Steiner RA. (2004). A role for kisspeptins in the regulation of gonadotropin secretion in the mouse. *Endocrinology* **145,** 4073-4077.

Grant SK. (2009). Therapeutic protein kinase inhibitors. *Cell Mol Life Sci* **66,** 1163-1177.

Green ED, Maffei M, Braden VV, Proenca R, DeSilva U, Zhang Y, Chua SC, Jr., Leibel RL, Weissenbach J, Friedman JM. (1995). The human obese (OB) gene: RNA expression pattern and mapping on the physical, cytogenetic, and genetic maps of chromosome 7. *Genome Res* **5,** 5-12.

Guerra-Araiza C, Amorim MA, Pinto-Almazan R, Gonzalez-Arenas A, Campos MG, Garcia-Segura LM. (2009). Regulation of the phosphoinositide-3 kinase and mitogen-activated protein kinase signaling pathways by progesterone and its reduced metabolites in the rat brain. *J Neurosci Res* **87,** 470-481.

Guevara-Guzmán R, Buzo E, Larrazolo A, de la Riva C, Da Costa AP, Kendrick KM. (2001). Vaginocervical stimulation-induced release of classical neurotransmitters and nitric oxide in the nucleus of the solitary tract varies as a function of the oestrus cycle. *Brain Res* **898,** 303-313.

Guichon- Mantel A, Loosefelt H, Lescop P, San S, Atgen M, Perrot- Applanat M, Milgrom E. (1989). Mechanisms of nuclear localization of the progesterone recepto: evidence for interaction between monomers. *Cell* **57,** 1147-1154.

Hadeishi Y, Wood RI. (1996). Nitric oxide synthase in mating behavior circuitry of male Syrian hamster brain. *J Neurobiol* **30,** 480-492.

Hakansson ML, Brown H, Ghilardi N, Skoda RC, Meister B. (1998). Leptin receptor immunoreactivity in chemically defined target neurons of the hypothalamus. *J Neurosci* **18,** 559-572.

Halaas JL, Boozer C, Blair-West J, Fidahusein N, Denton DA, Friedman JM. (1997). Physiological response to long-term peripheral and central leptin infusion in lean and obese mice. *Proc Natl Acad Sci USA* **94,** 8878-8883.

Han KK, Martinage A. (1992). Post-translational chemical modification(s) of proteins. *Int J Biochem* **24,** 19-28.

Haniu M, Arakawa T, Bures EJ, Young Y, Hui JO, Rohde MF, Welcher AA, Horan T. (1998). Human leptin receptor. Determination of disulfide structure and N-glycosylation sites of the extracellular domain. *J Biol Chem* **273,** 28691-28699.

Hardy DF, DeBold JF. (1972). The relationship between levels of exogenous hormones and the display of lordosis by the female rat. *Horm Behav* **2,** 287-297.

Harlan RE, Pfaff DW. (1983). Midbrain microinfusions of prolactin increase the estrogenn-dependent behavior lordosis. *Science* **219,** 1451-1453.

Heape W. (1900). The sexual season of mammals and relation of the proestrous to menstruation. *Q J Micr Sci* **44,** 1-70.

Heida NM, Leifheit-Nestler M, Schroeter MR, Muller JP, Cheng IF, Henkel S, Limbourg A, Limbourg FP, Alves F, Quigley JP, Ruggeri ZM, Hasenfuss G, Konstantinides S, Schafer K. (2010). Leptin enhances the potency of circulating angiogenic cells via src kinase and integrin (alpha)vbeta5: implications for angiogenesis in human obesity. *Arterioscler Thromb Vasc Biol* **30,** 200-206.

Hekerman P, Zeidler J, Bamberg-Lemper S, Knobelspies H, Lavens D, Tavernier J, Joost HG, Becker W. (2005). Pleiotropy of leptin receptor signalling is defined by distinct roles of the intracellular tyrosines. *FEBS J* **272,** 109-119.

Hill JW, Elmquist JK, Elias CF. (2008a). Hypothalamic pathways linking energy balance and reproduction. *Am J Physiol Endocrinol Metab* **294,** E827-832.

Hill JW, Williams KW, Ye C, Luo J, Balthasar N, Coppari R, Cowley MA, Cantley LC, Lowell BB, Elmquist JK. (2008b). Acute effects of leptin require PI3K signaling in hypothalamic proopiomelanocortin neurons in mice. *J Clin Invest* **118,** 1796-1805.

Ho AK, Hashimoto K, Chik CL. (1999). 3'5'-Cyclic gunosine monophosphate activates mitogen-activated protein kinase in rat pinealocytes. *J Neurochem* **73,** 598-604.

Hoggard N, Hunter L, Duncan JS, Williams LM, Trayhurn P, Mercer JG. (1997). Leptin and leptin receptor mRNA and protein expression in the murine fetus and placenta. *Proc Natl Acad Sci U S A* **94,** 11073-11078.

Horwitz KB, Alexander PS. (1983). In situ photolinked nuclear progesterone receptor of human breast cancer cells: subunit molecular weights after transformation and translocation. *Endocrinology* **113,** 2195-2201.

Hrabovszky E, Shughrue PJ, Merchenthaler I, Hajszan T, Carpenter CD, Liposits Z, Petersen SL. (2000). Detection of estrogen receptor-beta messenger ribonucleic acid and 125I-estrogen binding sites in luteinizing hormone-releasing hormone neurons of the rat brain. *Endocrinology* **141,** 3506-3509.

Hrabovszky E, Steinhauser A, Barabas K, Shughrue PJ, Petersen SL, Merchenthaler I, Liposits Z. (2001). Estrogen receptor-beta immunoreactivity in luteinizing hormone-releasing hormone neurons of the rat brain. *Endocrinology* **142,** 3261-3264.

Hull EM, Lorrain DS, Du J, Matuszewich L, Lumley LA, Putnam SK, Moses J. (1999). Hormone-neurotransmitter interactions in the control of sexual behavior. *Behav Brain Res* **105,** 105-116.

Hunter T, Sefton BM. (1980). Transforming gene product of Rous sarcoma virus phosphorylates tyrosine. *Proc Natl Acad Sci USA* **77,** 1311-1315.

Ihle JN. (2001). The Stat family in cytokine signaling. *Curr Opin Cell Biol* **13,** 211-217.

Ingalls AM, Dickie MM, Snell GD. (1950). Obese, a new mutation in the house mouse. *J Hered* **41,** 317-318.

Irwig MS, Fraley GS, Smith JT, Acohido BV, Popa SM, Cunningham MJ, Gottsch ML, Clifton DK, Steiner RA. (2004). Kisspeptin activation of gonadotropin releasing hormone neurons and regulation of KiSS-1 mRNA in the male rat. *Neuroendocrinology* **80,** 264-272.

Iserentant H, Peelman F, Defeau D, Vandekerckhove J, Zabeau L, Tavernier J. (2005). Mapping of the interface between leptin and the leptin receptor CRH2 domain. *J Cell Sci* **118,** 2519-2527.

Isse T, Ueta Y, Serino R, Noguchi J, Yamamoto Y, Nomura M, Shibuya I, Lightman SL, Yamashita H. (1999). Effects of leptin on fasting-induced inhibition of neuronal nitric oxide synthase mRNA in the paraventricular and supraoptic nuclei of rats. *Brain Res* **846,** 229-235.

Jensen EV, Suzuki T, Stumpf WE, Jungbut P, DeSombre ER. (1968). A two-step mechanism for the interaction of estradiol with rat uterus. *Biochemistry* **59,** 632-638.

Jiang L, Li Z, Rui L. (2008). Leptin stimulates both JAK2-dependent and JAK2-independent signaling pathways. *J Biol Chem* **283,** 28066-28073.

Johnson GL, Lapadat R. (2002). Mitogen-activated protein kinase pathways mediated by ERK, JNK, and p38 protein kinases. *Science* **298,** 1911-1912.

Karvonen MK, Pesonen U, Heinonen P, Laakso M, Rissanen A, Naukkarinen H, Valve R, Uusitupa MI, Koulu M. (1998). Identification of new sequence variants in the leptin gene. *J Clin Endocrinol Metab* **83,** 3239-3242.

Kastner P, Krust A, Turcotte B, Stropp U, Tora L, Gronemeyer H, Chambon P. (1990). Two distinct estrogen-regulated promoters generate transcripts encoding the two functionally different human progesterone receptor forms A and B. *Embo J* **9,** 1603-1614.

Kato J. (1986). Progesterone receptors in brain and hypophysis. In *Current topics in neuroendocrinology*, ed. Ganten D, Pfaff DW, pp. 32-81. Springer-Verlag, Berlin.

Kato J, Onouchi T. (1977). Specific progesterone receptors in the hypothalamus and anterior hypophysis of the rat. *Endocrinology* **101,** 902-908.

Kauffman AS, Park JH, McPhie-Lalmansingh AA, Gottsch ML, Bodo C, Hohmann JG, Pavlova MN, Rohde AD, Clifton DK, Steiner RA, Rissman EF. (2007). The kisspeptin receptor GPR54 is required for sexual differentiation of the brain and behavior. *J Neurosci* **27,** 8826-8835.

Kent GC, Liberman MJ. (1949). Induction of psychic estrous in the hamster with progesterone administered via the lateral brain ventricle. *Endocrinology* **45,** 29-32.

Kim YB, Uotani S, Pierroz DD, Flier JS, Kahn BB. (2000). In vivo administration of leptin activates signal transduction directly in insulin-sensitive tissues: overlapping but distinct pathways from insulin. *Endocrinology* **141,** 2328-3239.

Kimura F, Kawakami M, H. N, McCann SM. (1980). Changes in adenosine 3',5'-monophosphate and guanosine 3',5'-monophosphate concentrations in the anterior pituitary and hypothalamus during the rat estrous cycle and effects of administration of sodium pentobarbital in proestrus. *Endocrinology* **106,** 631-635.

Komalavias P, Shah PK, H. J, Lincoln TM. (1999). Activation of mitogen-activated protein kinase pathways by GMP and GMP-dependet protein kinase in contractile vascular smooth muscle cells. *J Biol Chem* **274,** 34301-34309.

Komisaruk BR, Diakow C. (1973). Lordosis reflex intensity in rats in relation to the estrous cycle, ovariectomy, estrogen administration and mating behavior. *Endocrinology* **93,** 548-557.

Kosior-Korzecka U, Bobowiec R. (2006). Leptin effect on nitric oxide and GnRH-induced FSH secretion from ovine pituitary cells in vitro. *J Physiol Pharmacol* **57,** 637-647.

Kow L-M, Brown HE, Pfaff DW. (1994a). Activation of protein kinase C in the hypothalamic ventromedial nucleus or the midbrain central gray facilitates lordosis. *Brain Res* **660,** 241-248.

Kow L-M, Mobbs CV, Pfaff DW. (1994b). Roles of second messenger systems and neuronal activity in the regulation of lordosis by neurotransmitters, neuropeptides and estrogen: a review. *Neurosci Biochem Rev* **18,** 251-268.

Koylu EO, Couceyro PR, Lambert PD, Ling NC, DeSouza EB, Kuhar MJ. (1997). Immunohistochemical localization of novel CART peptides in rat hypothalamus, pituitary and adrenal gland. *J Neuroendocrinol* **9,** 823-833.

Kraus S, Naor Z, Seger R. (2001). Intracellular signaling pathways mediated by the gonadotropin-releasing hormone (GnRH) receptor. *Arch Med Res* **32,** 499-509.

Krebs EG. (1993). Nobel Lecture. Protein phosphorylation and cellular regulation I. *Biosci Rep* **13,** 127-142.

Kubli-Garfias C, Whalen RE. (1977). Induction of lordosis behavior in female rats by intravenous administration of progestins. *Horm Behav* **9,** 380-386.

Kuo JF, Greengard P. (1969). An adenosine 3',5'-monophosphate-dependent protein kinase from Escherichia coli. *J Biol Chem* **244,** 3417-3419.

Lamas S, Marsden PA, Li GK, Tempst P, Michel T. (1992). Endothelial nitric oxide synthase: molecular cloning and characterization of a distinct constitutive enzyme isoform. *Proc Natl Acad Sci USA* **89,** 6348-6352.

Lange CA. (2004). Making sense of cross-talk between steroid hormone receptors and intracellular signaling pathways: who will have the last word? *Mol Endocrinol* **18,** 269-278.

Lange CA, Shen T, Horwitz KB. (2000). Phosphorylation of human progesterone receptors at serine-294 by mitogen-activated protein kinase signals their degradation by the 26s proteasome. *Proc Natl Acad Sci USA* **97,** 1032-1037.

Lebrethon MC, Vandersmissen E, Gerard A, Parent AS, Bourguignon JP. (2000). Cocaine and amphetamine-regulated-transcript peptide mediation of leptin stimulatory effect on the rat gonadotropin-releasing hormone pulse generator in vitro. *J Neuroendocrinol* **12,** 383-385.

Lee GH, Proenca R, Montez JM, Carroll KM, Darvishzadeh JG, Lee JI, Friedman JM. (1996). Abnormal splicing of the leptin receptor in diabetic mice. *Nature* **379,** 632-635.

Leitges M. (2007). Functional PKC in vivo analysis using deficient mouse models. *Biochem Soc Trans* **35,** 1018-1020.

Leonard WJ. (2001). Role of Jak kinases and STATs in cytokine signal transduction. *Int J Hematol* **73,** 271-277.

Leonard WJ, O'Shea JJ. (1998). Jaks and STATs: biological implications. *Annu Rev Immunol* **16,** 293-322.

Li X, Lonard DM, O'Malley BW. (2004). A contemporary understanding of progesterone receptor function. *Mech Ageing Dev* **125,** 669-678.

Licinio J, Mantzoros C, Negrao AB, Cizza G, Wong ML, Bongiorno PB, Chrousos GP, Karp B, Allen C, Flier JS, Gold PW. (1997). Human leptin levels are pulsatile and inversely related to pituitary-adrenal function. *Nat Med* **3,** 575-579.

Lind RW. (1986). Bi-directional, chemically specified neural connections between the subfornical organ and the midbrain raphe system. *Brain Res* **384,** 250-261.

Lodish H, Berk A, Matsudaira P, Kaiser CA, Krieger M, Scott MP, Zipursky L, Darnell J. (2005). *Molecular Cell Biology*. W. H. Freeman, New York.

Lord GM, Matarese G, Howard JK, Baker RJ, Bloom SR, Lechler RI. (1998). Leptin modulates the T-cell immune response and reverses starvation-induced immunosuppression. *Nature* **394,** 897-901.

Louis GW, Greenwald-Yarnell M, Phillips R, Coolen LM, Lehman MN, Myers MG, Jr. (2011). Molecular mapping of the neural pathways linking leptin to the neuroendocrine reproductive axis. *Endocrinology* **152,** 2302-2310.

Luttge WG, Hughes JR. (1976). Intracerebral implantation of progesterone: re-examination of the brain sites responsible for facilitation of sexual receptivity in estrogen-primed ovariectomized rats. *Physiol Behav* **17,** 771-775.

Luttrell LM, Ferguson SS, Daaka Y, Miller WE, Maudsley S, Della Rocca GJ, Lin F, Kawakatsu H, Owada K, Luttrell DK, Caron MG, Lefkowitz RJ. (1999). Beta-arrestin-dependent formation of beta2 adrenergic receptor-Src protein kinase complexes. *Science* **283,** 655-661.

MacAuley A, Cooper JA. (1989). Structural differences between repressed and derepressed forms of p60c-src. *Mol Cell Biol* **9,** 2648-2656.

Maffei M, Halaas J, Ravussin E, Pratley RE, Lee GH, Zhang Y, Fei H, Kim S, Lallone R, Ranganathan S, et al. (1995). Leptin levels in human and rodent: measurement of plasma leptin and ob RNA in obese and weight-reduced subjects. *Nat Med* **1,** 1155-1161.

Maffeis C, Moghetti P, Vettor R, Lombardi AM, Vecchini S, Tato L. (1999). Leptin concentration in newborns' cord blood: relationship to gender and growth-regulating hormones. *Int J Obes Relat Metab Disord* **23,** 943-947.

Malsbury CW, Pfaff DW, MAlsbury AM. (1981). Suppression of sexual receptivity in female hamsters: Neuroanatomical projections from preoptic and anterior hypothalamic sites. *Brain Res* **181,** 267-284.

Maller JL. (2001). The elusive progesterone receptor in Xenopus oocytes. *Proc Natl Acad Sci USA* **98,** 8-10.

Mani S, Portillo W. (2010). Activation of progestin receptors in female reproductive behavior: Interactions with neurotransmitters. *Front Neuroendocrinol* **31,** 157-171.

Mani SK, Allen JM, Rettori V, McCann SM, O'Malley BW, Clark JH. (1994a). Nitric oxide mediates sexual behavior in female rats. *Proc Natl Acad Sci USA* **91,** 6468-6472.

Mani SK, Allen JMC, Lyon JP, Mulac-Jericevic B, Blaustein JD, DeMayo FJ, Conneely OM, O'Malley BW. (1996). Dopamine requieres the unoccupied progesterone receptor to induce sexual behavior in mice. *Mol Endocrinol* **10,** 1728-1737.

Mani SK, Blaustein JD, Allen JM, Law SW, O'Malley BW, Clark JH. (1994b). Inhibition of rat sexual behavior by antisense oligonucleotides to the progesterone receptor. *Endocrinology* **135,** 1409-1414.

Mani SK, Fienberg AA, O'Callaghan JP, Snyder GL, Allen PB, Dash P, Moore AN, Mitchell AJ, Bibb J, Greengard P, O'Malley BW. (2000). Requirement for DARPP-32 in progesterone -facilitated sexual receptivity in female rats and mice. *Science* **287,** 1053-1056.

Manning G, Whyte DB, Martinez R, Hunter T, Sudarsanam S. (2002). The protein kinase complement of the human genome. *Science* **298,** 1912-1934.

Mantzoros CS, Flier JS, Rogol AD. (1997). A longitudinal assessment of hormonal and physical alterations during normal puberty in boys. V. Rising leptin levels may signal the onset of puberty. *J Clin Endocrinol Metab* **82,** 1066-1070.

Martin GS. (2001). The hunting of the Src. *Nat Rev Mol Cell Biol* **2,** 467-475.

Martinez JA, Aguado M, Fruhbeck G. (2000). Interactions between leptin and NPY affecting lipid mobilization in adipose tissue. *J Physiol Biochem* **56,** 1-8.

Mastronardi CA, Yu WH, McCann SM. (2002). Resting and circadian release of nitric oxide is controlled by leptin in male rats. *Proc Natl Acad Sci USA* **99,** 5721-5726.

McCann SM, Haens G, Mastronardi C, Walczewska A, Karanth S, Rettori V, Yu WH. (2003). The role of nitric oxide (NO) in control of LHRH release that mediates gonadotropin release and sexual behavior. *Curr Pharm Des* **9,** 381-390.

McCann SM, Licinio J, Wong ML, Yu WH, Karanth S, Rettorri V. (1998). The nitric oxide hypothesis of aging. *Exp Gerontol* **33,** 813-826.

McCann SM, Mastronardi C, Walczewska A, Karanth S, Rettori V, Yu WH. (1999). The role of nitric oxide in reproduction. *Braz J Med Biol Res* **32,** 1367-1379.

McCann SM, Rettori V. (1996). The role of nitric oxide in reproduction. *Proc Soc Exp Biol Med* **211,** 7-15.

McDonald LE. (1977). *Veterinary endocrinology and reproduction.* Lea & Febiger, Philadelphia.

McGinnis MY, Nance DM, Gorski RA. (1978). Olfactory, septal and amygdala lesions alone or in combination: effects on lordosis behavior and emotionality. *Physiol Behav* **20,** 435-440.

Mehebik N, Jaubert AM, Sabourault D, Giudicelli Y, Ribiere C. (2005). Leptin-induced nitric oxide production in white adipocytes is mediated through PKA and MAP kinase activation. *Am J Physiol Cell Physiol* **289,** C379-387.

Mellor H, Parker PJ. (1998). The extended protein kinase C superfamily. *Biochem J* **332 (Pt 2),** 281-292.

Mistrik P, Moreau F, Allen JM. (2004). BiaCore analysis of leptin-leptin receptor interaction: evidence for 1:1 stoichiometry. *Anal Biochem* **327,** 271-277.

Mobbs CV, Rothfeld JM, Saluja R, Pfaff DW. (1989). Phorbol esters and forskolin infused into midbrain central gray facilitate lordosis. *Pharmacol Biochem Behav* **34,** 665-667.

Moralí G, Beyer C. (1979). Neuroendocrine control of mammalian estrous behavior. In *Endocrine control of sexual behavior*, ed. Beyer C, pp. 33-75. Raven Press, New York.

Morton NM, Emilsson V, de Groot P, Pallett AL, Cawthorne MA. (1999). Leptin signalling in pancreatic islets and clonal insulin-secreting cells. *J Mol Endocrinol* **22,** 173-184.

Moss RL, Foreman MM. (1976). Potentiation of lordosis behavior by intrahypothalamic infusion of synthetic luteinizing hormone releasing hormone. *Neuroendocrinology* **20,** 176-181.

Mounzih K, Lu R, Chehab F. (1997). Leptin treatment rescues the sterility of genetically obese ob/ob males. . *Endocrinology* **138,** 1190-1193.

Munoz MT, de la Piedra C, Barrios V, Garrido G, Argente J. (2004). Changes in bone density and bone markers in rhythmic gymnasts and ballet dancers: implications for puberty and leptin levels. *Eur J Endocrinol* **151,** 491-496.

Myers MG, Jr. (2004). Leptin receptor signaling and the regulation of mammalian physiology. *Recent Prog Horm Res* **59,** 287-304.

Nalefski EA, Newton AC. (2001). Membrane binding kinetics of protein kinase C betaII mediated by the C2 domain. *Biochemistry* **40,** 13216-13229.

Nance DM, Shryne J, Gorsky RA. (1975). Effects of septal lesions on behavioral sensitivity of female rats to gonadal hormones. *Horm Behav* **6,** 59-64.

Nestler EJ, Duman RS. (1994). G proteins and cyclic nucleotides in the nervous system. In *Basic Nerochemistry*, 5th edn, ed. Siegel GJ, Agranoff BW, Albers WR, Molinoff PB, pp. 429-448. Raven Press, New York.

Nestler EJ, Greengard P. (1994). Protein phosphorylation and the regulation of neuronal function. In *Basic Neurochemistry*, 5th edn, ed. Siegel GJ, Agranoff BW, Albers RA, Molinoff PB, pp. 449-474. Raven Press, New York.

Nestler EJ, Greengard P. (1999). Serine and threonine phosphorylation. In *Basic Neurochemistry, Cellular and Medical Aspects*, 6th edn, ed. Siegel GJ, Agranoff BW, Albers WR, Molinoff PB, pp. 471-495. Lippincott-Raven Publishers, Philadelphia.

Neubauer H, Cumano A, Muller M, Wu H, Huffstadt U, Pfeffer K. (1998). Jak2 deficiency defines an essential developmental checkpoint in definitive hematopoiesis. *Cell* **93**, 397-409.

Ng YK, Xue YD, Wong PT. (1999). Different distributions of nitric oxide synthase-containing neurons in the mouse and rat hypothalamus. *Nitric Oxide* **3**, 383-392.

Nock B, Feder HH. (1981). Neurotransmitter modulation of steroid action in target cells that mediate reproduction and reproductive behavior. *Neurosci Biobehav Rev* **5**, 437-447.

O'Malley BW, Tsai SY, Bagchi M, Weigel NL, Schrader WT, Tsai MJ. (1991). Molecular mechanism of action of a steroid hormone receptor. *Rec Prog Horm Res* **47**, 1-26.

O'Rourke L, Shepherd PR. (2002). Biphasic regulation of extracellular-signal-regulated protein kinase by leptin in macrophages: role in regulating STAT3 Ser727 phosphorylation and DNA binding. *Biochem J* **364**, 875-879.

Ogawa S, Olazabal S, Pfaff DW. (1994). Effects of intrahypothalamic administration of antisense DNA for progesterone receptor mRNA on reproductive behavior and progesterone receptor immunoreactivity. *J Neurosci* **14**, 1766-1774.

Ogura K, Irahara M, Kiyokawa M, Tezuka M, Matsuzaki T, Yasui T, Kamada M, Aono T. (2001). Effects of leptin on secretion of LH and FSH from primary cultured female rat pituitary cells. *Eur J Endocrinol* **144**, 653-658.

Ojeda SR, Urbanski HF, Katz KH, Costa ME, Conn PM. (1986). Activation of two different but complementary biochemical pathways stimulates release of hypothalamic luteinizing hormone-releasing hormone. *Proc Natl Acad Sci USA* **83**, 4932-4936.

Ookuma M, Ookuma K, York DA. (1998). Effects of leptin on insulin secretion from isolated rat pancreatic islets. *Diabetes* **47,** 219-223.

Panzica GC, Viglietti-Panzica C, Sica M, Gotti S, Martini M, Pinos H, Carrillo B, Collado P. (2006). Effects of gonadal hormones on central nitric oxide producing systems. *Neuroscience* **138,** 987-995.

Parent AS, Lebrethon MC, Gerard A, Vandersmissen E, Bourguignon JP. (2000). Leptin effects on pulsatile gonadotropin releasing hormone secretion from the adult rat hypothalamus and interaction with cocaine and amphetamine regulated transcript peptide and neuropeptide Y. *Regul Pept* **92,** 17-24.

Paxinos G, Watson C. (2006). *The Rat Brain in Stereotaxic Coordinates*. Academic Press, Australia.

Pears CJ, Kour G, House C, Kemp BE, Parker PJ. (1990). Mutagenesis of the pseudosubstrate site of protein kinase C leads to activation. *Eur J Biochem* **194,** 89-94.

Perrot-Applanat M, Groyer-Picard MT, Logeat F, Milgrom E. (1986). Ultrastructural localization of the progesterone receptor by an immunogold method: effect of hormone administration. *J Cell Biol* **102,** 1191-1199.

Pfaff DW. (1980). *Estrogens and brain function.* Springer-Verlag, New York.

Pfaff DW, Sakuma Y. (1979). Deficit in the lordosis reflex of female rats caused by lesions in ventromedial nucleus of the hypothalamus. *J Physiol* **288,** 203-210.

Pfaff DW, Sakuma Y, Kow L-M, Lee AWL, Easton A. (2006). Hormonal, neural, and genomic mechanisms for female reproductive behaviors. In *The physiology of reproduction*, ed. Neill JD, pp. 1825-1920. Academic Press, San Diego, CA.

Pfaff DW, Schuartz-Giblin S, McCarthy MM, Kow L-M. (1994). Cellular and molecular mechanisms of female reproductive behaviors. In *The physiology of reproduction*, 2a edn, ed. Knobil E, Neill D, pp. 107-220. Raven Press, New York.

Philibert D, Ojasoo T, Raynaud JP. (1977). Properties of cytoplasmic progestin binding protein in the rabbit uterus. *Endocrinology* **101,** 1850-1861.

Piper ML, Unger EK, Myers MG, Jr., Xu AW. (2008). Specific physiological roles for signal transducer and activator of transcription 3 in leptin receptor-expressing neurons. *Mol Endocrinol* **22,** 751-759.

Piwnica-Worms H, Saunders KB, Roberts TM, Smith AE, Cheng SH. (1987). Tyrosine phosphorylation regulates the biochemical and biological properties of pp60c-src. *Cell* **49,** 75-82.

Pleim ET, Lisciotto CA, DeBold JF. (1990). Facilitation of sexual receptivity in hamsters by simultaneous progesterone implants into the VMH and ventral mesencephalon. *Horm Behav* **24,** 139-151.

Powers JB. (1970). Hormonal control of sexual receptivity during the estrous cycle of the rat. *Physiol Behav* **5,** 831-835.

Qiu M, Lange C, A. (2003). MAP-kinases couple multiple functions of human progesterone receptors: degradation, transcriptional synergy, and nuclear association. *J Steroid Biochem Molec Biology* **85,** 147-157.

Quennell JH, Mulligan AC, Tups A, Liu X, Phipps SJ, Kemp CJ, Herbison AE, Grattan DR, Anderson GM. (2009). Leptin indirectly regulates gonadotropin-releasing hormone neuronal function. *Endocrinology* **150,** 2805-2812.

Ramírez-Orduña JM, Lima-Hernández FJ, García-Juárez M, González-Flores O, Beyer C. (2007). Lordosis facilitation by LHRH, PGE2 or db-cAMP requires activation of the kinase A pathway in estrogen primed rats. *Pharmacol Bichem Behav* **86,** 169-175.

Rane SG, Reddy EP. (2000). Janus kinases: components of multiple signaling pathways. *Oncogene* **19,** 5662-5679.

Ray LB, Sturgill TW. (1988). Insulin-stimulated microtubule-associated protein kinase is phosphorylated on tyrosine and threonine in vivo. *Proc Natl Acad Sci USA* **85,** 3753-3757.

Reynoso R, Cardoso N, Szwarcfarb B, Carbone S, Ponzo O, Moguilevsky JA, Scacchi P. (2007). Nitric oxide synthase inhibition prevents leptin induced Gn-RH release in prepubertal and peripubertal female rats. *Exp Clin Endocrinol Diabetes* **115,** 423-427.

Rodríguez-Manzo G, Cruz ML, Beyer C. (1986). Facilitation of lordosis behavior in ovariectomized estrogen primed rats by medial preoptic implantation of 5β, 3β-pregnanolone: a ring A reduced progesterone metabolite. *Physiol Behav* **36,** 277-281.

Rodríguez-Sierra JF, Komisaruk BR. (1978). Lordosis induction in the rat by prostaglandin E2 sistemically or intracranially in the absense of ovarian hormones. *Prostaglandins* **15,** 513-524.

Rodríguez-Sierra JF, Komisaruk BR. (1982). Common hyphothalamic sites for activation of sexual receptivity in female rats by LHRH, PGE2 and progesterone. *Neuroendocrinology* **35,** 363-369.

Romano GJ, Krust A, Pfaff DW. (1989). Expression and estrogen regulation of progesterone receptor mRNA in neurons of the mediobasal hypothalamus: an in situ hybridization study. *Mol Endocrinol* **3,** 1295-1300.

Rosenbaum M, Leibel RL. (1999). Clinical review 107: Role of gonadal steroids in the sexual dimorphisms in body composition and circulating concentrations of leptin. *J Clin Endocrinol Metab* **84,** 1784-1789.

Roskoski R, Jr. (2004). Src protein-tyrosine kinase structure and regulation. *Biochem Biophys Res Commun* **324,** 1155-1164.

Roskoski R, Jr. (2010). RAF protein-serine/threonine kinases: structure and regulation. *Biochem Biophys Res Commun* **399,** 313-317.

Ross J, Claybaugh C, Clemens LG, Gorski RA. (1971). Short latency induction of estrous behavior with intracerebral gonadal hormones in overiectomized rats. *Endocrinology* **89,** 32-38.

Rosse C, Linch M, Kermorgant S, Cameron AJ, Boeckeler K, Parker PJ. (2010). PKC and the control of localized signal dynamics. *Nat Rev Mol Cell Biol* **11,** 103-112.

Roussel RR, Brodeur SR, Shalloway D, Laudano AP. (1991). Selective binding of activated pp60c-src by an immobilized synthetic phosphopeptide modeled on the carboxyl terminus of pp60c-src. *Proc Natl Acad Sci USA* **88,** 10696-10700.

Rowan BG, Garrison N, Weigel NL, O'Malley BW. (2000). 8-Bromo-cyclic AMP induces phosphorylation of two sites in SRC-1 that facilitate ligand-independent activation of the chicken progesterone receptor and are critical for functional cooperation between SRC-1 and CREB binding protein. *Mol Cell Biol* **20,** 8720-8730.

Rubin BS, Barfield RJ. (1980). Priming of estrous responsiveness by implants of 17β-estradiol in the ventromedial hypothalamic nucleus of female rats. *Endocrinology* **106,** 504-509.

Rubin BS, Barfield RJ. (1983). Progesterone in the ventromedial hypothalamus facilitates estrous behavior in ovariectomized, estrogen -primed rats. *Endocrinology* **113,** 797-804.

Saad MF, Khan A, Sharma A, Michael R, Riad-Gabriel MG, Boyadjian R, Jinagouda SD, Steil GM, Kamdar V. (1998). Physiological insulinemia acutely modulates plasma leptin. *Diabetes* **47,** 544-549.

Sakuma Y, Pfaff DW. (1979). Facilitation of female reproductive behavior from mesencephalic central gray in the rat. *Am J Physiol* **237,** 278-284.

Saladin R, De Vos P, Guerre-Millo M, Leturque A, Girard J, Staels B, Auwerx J. (1995). Transient increase in obese gene expression after food intake or insulin administration. *Nature* **377,** 527-529.

Samdani AF, Dawson TM, Dawson VL. (1997). Nitric oxide synthase in models of focal ischemia. *Stroke* **28,** 1283-1288.

Sandowski Y, Raver N, Gussakovsky EE, Shochat S, Dym O, Livnah O, Rubinstein M, Krishna R, Gertler A. (2002). Subcloning, expression, purification, and characterization of recombinant human leptin-binding domain. *J Biol Chem* **277,** 46304-46309.

Sawchenko PE. (1998). Toward a new neurobiology of energy balance, appetite, and obesity: the anatomists weigh in. *J Comp Neurol* **402,** 435-441.

Sayeski PP, Ali MS, Hawks K, Frank SJ, Bernstein KE. (1999). The angiotensin II-dependent association of Jak2 and c-Src requires the N-terminus of Jak2 and the SH2 domain of c-Src. *Circ Res* **84,** 1332-1338.

Scordalakes EM, Shetty SJ, Rissman EF. (2002). Roles of estrogen receptor alpha and androgen receptor in the regulation of neuronal nitric oxide synthase. *J Comp Neurol* **453,** 336-344.

Schaeffer HJ, Weber MJ. (1999). Mitogen-activated protein kinases: specific messages from ubiquitous messengers. *Mol Cell Biol* **19,** 2435-2444.

Schindler CW. (2002). Series introduction. JAK-STAT signaling in human disease. *J Clin Invest* **109,** 1133-1137.

Schneider JE. (2004). Energy balance and reproduction. *Physiol Behav* **81,** 289-317.

Schneider JE, Goldman MD, Tang S, Bean B, Ji H, Friedman MA. (1998). Leptin indirectly affects estrous cycles by increasing metabolic fuel oxidation. *Horm Behav* **33,** 217-228.

Schumacher M, Coirini H, Robert F, Guennoun R, El-Etr M. (1999). Genomic and membrane actions of progesterone: implications for reproductive physiology and behavior. *Behav Brain Res* **105-,** 37-52.

Shen T, Horwitz KB, Lange CA. (2001). Transcriptional hyperactivity of human progesterone receptors is coupled to their ligand-dependent down-regulation by mitogen-activated protein kinase-dependent phosphorylation of serine 294. *Mol Cell Biol* **21,** 6122-6131.

Shimizu H, Shimomura Y, Nakanishi Y, Futawatari T, Ohtani K, Sato N, Mori M. (1997). Estrogen increases in vivo leptin production in rats and human subjects. *J Endocrinol* **154,** 285-292.

Sica M, Martini M, Viglietti-Panzica C, Panzica G. (2009). Estrous cycle influences the expression of neuronal nitric oxide synthase in the hypothalamus and limbic system of female mice. *BMC Neurosci* **10,** 78-89.

Sicheri F, Moarefi I, Kuriyan J. (1997). Crystal structure of the Src family tyrosine kinase Hck. *Nature* **385,** 602-609.

Siegel S, Castellan NJ. (1995). *Estadística no paramétrica: aplicada a las ciencias de la conducta.* Trillas, México.

Silberbach M, Roberts JCT. (2001). Natriuretic peptide signalling molecular and cellular pathways to growth regulation. *Cell Signal* **13,** 221-231.

Singh M. (2001). Ovarian hormones elicit phosphorylation of Akt and extracellular-signal regulated kinase in explants of the cerebral cortex. *Endocrine* **14,** 407-415.

Sinha MK, Opentanova I, Ohannesian JP, Kolaczynski JW, Heiman ML, Hale J, Becker GW, Bowsher RR, Stephens TW, Caro JF. (1996). Evidence of free and bound leptin in human circulation. Studies in lean and obese subjects and during short-term fasting. *J Clin Invest* **98,** 1277-1282.

Skalhegg BS, Tasken K. (2000). Specificity in the cAMP/PKA signaling pathway. Differential expression,regulation, and subcellular localization of subunits of PKA. *Front Biosci* **5,** D678-693.

Slomiany BL, Slomiany A. (2008a). Leptin protection of salivary gland acinar cells against ethanol cytotoxicity involves Src kinase-mediated parallel activation of prostaglandin and constitutive nitric oxide synthase pathways. *Inflammopharmacology* **16,** 76-82.

Slomiany BL, Slomiany A. (2008b). Src kinase-mediated parallel activation of prostaglandin and constitutive nitric oxide synthase pathways in leptin protection of gastric mucosa against ethanol cytotoxicity. *J Physiol Pharmacol* **59,** 301-314.

Smith JT, Acohido BV, Clifton DK, Steiner RA. (2006). KiSS-1 neurones are direct targets for leptin in the ob/ob mouse. *J Neuroendocrinol* **18,** 298-303.

Smith MS, Freeman ME, Neill JD. (1975). The control of progesterone secretion during the estrous cycle and early pseudopregnancy in the rat: prolactin, gonadotropin and steroid levels associated with rescue of the corpus luteum of pseudopregnancy. *Endocrinology* **96,** 219-226.

Snyder SH. (1992). Nitric oxide: first in a new class of neurotransmitters. *Science* **257,** 494-496.

Snyder SH, Bredt DS. (1992). Biological roles of nitric oxide. *Sci Am* **266,** 68-71, 74-77.

Svenningsson P, Nishi A, Fisone G, Girault JA, Nairn AC, Greengard P. (2004). DARPP-32: an integrator of neurotransmission. *Annu Rev Pharmacol Toxicol* **44,** 269-296.

Sweeney G. (2002). Leptin signalling. *Cell Signal* **14,** 655-663.

Takaya K, Ogawa Y, Hiraoka J, Hosoda K, Yamori Y, Nakao K, Koletsky RJ. (1996). Nonsense mutation of leptin receptor in the obese spontaneously hypertensive Koletsky rat. *Nat Genet* **14,** 130-131.

Takekoshi K, Ishii K, Nanmoku T, Shibuya S, Kawakami Y, Isobe K, Nakai T. (2001). Leptin stimulates catecholamine synthesis in a PKC-dependent manner in cultured porcine adrenal medullary chromaffin cells. *Endocrinology* **142,** 4861-4871.

Tartaglia LA. (1997). The leptin receptor. *J Biol Chem* **272,** 6093-6096.

Tartaglia LA, Dembski M, Weng X, Deng N, Culpepper J, Devos R, Richards GJ, Campfield LA, Clark FT, Deeds J, Muir C, Sanker S, Moriarty A, Moore KJ, Smutko JS, Mays GG, Wool EA, Monroe CA, Tepper RI. (1995). Identification and expression cloning of a leptin receptor, OB-R. *Cell* **83,** 1263-1271.

Tennent BJ, Smith ER, Davidson JM. (1982). Effects of progesterone implants in the habenula and midbrain on proceptive and receptive behavior in the female rat. *Horm Behav* **16,** 352-363.

Tokuyama S, Feng Y, Wakabayashi H, Ho I. (1995). Possible involvement of protein kinase in physical dependence on opioids: studies using protein kinase inhibitors, H7 and H8. *Eur J Pharmacol* **284,** 101-107.

Trayhurn P, Hoggard N, Mercer JG, Rayner DV. (1999). Leptin: fundamental aspects. *Int J Obes Relat Metab Disord* **23 Suppl 1,** 22-28.

Uphouse L, Caldarola-Pastuszka M, Moore N. (1993). Inhibitory effects of the 5-HT1A agonists, 5-hydroxy- and 5-methoxy-(3-di-n-propylamino)chroma, on female lordosis behavior. *Neuropharmacology* **32,** 641-651.

Ushiro H, Cohen S. (1980). Identification of phosphotyrosine as a product of epidermal growth factor-activated protein kinase in A-431 cell membranes. *J Biol Chem* **255,** 8363-8365.

Vaisse C, Halaas JL, Horvath CM, Darnell JE, Jr., Stoffel M, Friedman JM. (1996). Leptin activation of Stat3 in the hypothalamus of wild-type and ob/ob mice but not db/db mice. *Nat Genet* **14,** 95-97.

Vathy IU, Etgen AM, Barfield RJ. (1987). Actions of progestins on estrous behaviour in female rats. *Physiol Behav* **40,** 591-595.

Vecchione C, Maffei A, Colella S, Aretini A, Poulet R, Frati G, Gentile MT, Fratta L, Trimarco V, Trimarco B, Lembo G. (2002). Leptin effect on endothelial nitric oxide is mediated through Akt-endothelial nitric oxide synthase phosphorylation pathway. *Diabetes* **51,** 168-173.

Wade GN, Lempicki RL, Panicker AK, Frisbee RM, Blaustein JD. (1997). Leptin facilitates and inhibits sexual behavior in female hamsters. *Am J Physiol Regulatory Integrative Comp Physiol* **272,** 1354-1358.

Wade GN, Schneider JE. (1992). Metabolic fuels and reproduction in female mammals. *Neurosci Biobehav Rev* **16,** 235-272.

Wade GN, Schneider JE, Li HY. (1996). Control of fertility by metabolic cues. *Am J Physiol* **270,** E1-19.

Waring DW, Turgeon JL. (1983). LHRH self priming of gonadotrophin secretion: time course of development. *Am J Physiol* **244,** 410-418.

Whalen RE, Gorzalka BB, DeBold JF, Quadagno DM, Ho G, Hough JC. (1974). Studies on the effects of intracerebral actinomycin D implants on estrogen induced receptivity in rats. *Horm Behav* **5,** 337-343.

Whalen RE, Yahr P, Luttge WG. (1985). The role of the metabolism in hormonal control of sexual behavior. In *Handbook of Behavioral Neurobiology*, ed. Adler N, Pfaff DW, Goy RW, pp. 609-663. Plenium Press, New York and London.

Widmann C, Gibson S, Jarpe MB, Johnson GL. (1999). Mitogen-activated protein kinase: conservation of a three-kinase module from yeast to human. *Physiol Rev* **79,** 143-180.

Williams KW, Smith BN. (2006). Rapid inhibition of neural excitability in the nucleus tractus solitarii by leptin: implications for ingestive behaviour. *J Physiol* **573,** 395-412.

Winters B, Mo Z, Brooks-Asplund E, Kim S, Shoukas A, Li D, Nyhan D, Berkowitz DE. (2000). Reduction of obesity, as induced by leptin, reverses endothelial dysfunction in obese (Lep(ob)) mice. *J Appl Physiol* **89,** 2382-2390.

Wong BR, Besser D, Kim N, Arron JR, Vologodskaia M, Hanafusa H, Choi Y. (1999). TRANCE, a TNF family member, activates Akt/PKB through a signaling complex involving TRAF6 and c-Src. *Mol Cell* **4,** 1041-1049.

Wu H, Shen HW, Wu TF, Brass LF, Sung KC. (2002). Extracellular signal-regulated kinases and g protein-coupled receptors in megakaryocytic human erythroleukemia cells: selective activation, differential regulation, and dissociation from mitogenesis. *J Pharmacol Exp Ther* **300,** 339-345.

Wu S, Divall S, Hoffman GE, Le WW, Wagner KU, Wolfe A. (2011). Jak2 is necessary for neuroendocrine control of female reproduction. *J Neurosci* **31,** 184-192.

Xie QW, Cho HJ, Calaycay J, Mumford RA, Swiderek KM, Lee TD, Ding A, Troso T, Nathan C. (1992). Cloning and characterization of inducible nitric oxide synthase from mouse macrophages. *Science* **256,** 225-228.

Xu W, Harrison SC, Eck MJ. (1997). Three-dimensional structure of the tyrosine kinase c-Src. *Nature* **385,** 595-602.

Yamashita T, Murakami T, Iida M, Kuwajima M, Shima K. (1997). Leptin receptor of Zucker fatty rat performs reduced signal transduction. *Diabetes* **46,** 1077-1080.

Yanase M, Gorski RA. (1976). Sites of estrogen and progesterone facilitation of lordosis behavior in the spayed rat. *Biol Reprod* **15,** 536-543.

Yang N, Luo M, Li R, Huang Y, Zhang R, Wu Q, Wang F, Li Y, Yu X. (2008). Blockage of JAK/STAT signalling attenuates renal ischaemia-reperfusion injury in rat. *Nephrol Dial Transplant* **23,** 91-100.

Young WC, Boling JL, Blandau RJ. (1941). The vaginal smear picture, sexual receptivity and time of ovulation in the albino rat. *Anat Rec* **80,** 37-45.

Yu WH, Karanth S, Walczewska A, Sower SA, McCann SM. (1997a). A hypothalamic follicle-stimulating hormone-releasing decapeptide in the rat. *Proc Natl Acad Sci USA* **94,** 9499-9503.

Yu WH, Kimura M, Walczewska A, Karanth S, McCann SM. (1997b). Role of leptin in hypothalamic-pituitary function. *Proc Natl Acad Sci USA* **94,** 1023-1028.

Yu WH, Walczewska A, Karanth S, McCann SM. (1997c). Nitric oxide mediates leptin-induced luteinizing hormone-releasing hormone (LHRH) and LHRH and leptin-induced LH release from the pituitary gland. *Endocrinology* **138,** 5055-5058.

Yun HY, Dawson VL, Dawson TM. (1996). Neurobiology of nitric oxide. *Crit Rev Neurobiol* **10,** 291-316.

Zemlan FP, Adler NT. (1977). Hormonal control of female sexual behavior in the rat. *Horm Behav* **9,** 345-357.

Zerani M, Boiti C, Dall'Aglio C, Pascucci L, Maranesi M, Brecchia G, Mariottini C, Guelfi G, Zampini D, Gobbetti A. (2005). Leptin receptor expression and in vitro leptin actions on prostaglandin release and nitric oxide synthase activity in the rabbit oviduct. *J Endocrinol* **185,** 319-325.

Zhang J, Snyder SH. (1995). Nitric oxide in the nervous system. *Annu Rev Pharmacol Toxicol* **35,** 213-233.

Zhang Y, Proenca R, Maffei M, Barone M, Leopold L, Friedman JM. (1994). Positional cloning of the mouse obese gene and its human homologue. *Nature* **372,** 425-432.

Zhou G, Bao ZQ, Dixon JE. (1995). Components of a new human protein kinase signal transduction pathway. *J Biol Chem* **270,** 12665-12669.

Zigman JM, Elmquist JK. (2003). Minireview: From anorexia to obesity--the yin and yang of body weight control. *Endocrinology* **144,** 3749-3756.

10. ANEXO

10.1. ARTÍCULOS PUBLICADOS

Neuropeptides 45 (2011) 63–67

Contents lists available at ScienceDirect

Neuropeptides

journal homepage: www.elsevier.com/locate/npep

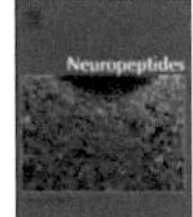

Leptin facilitates lordosis behavior through GnRH-1 and progestin receptors in estrogen-primed rats

Marcos García-Juárez [a,c], Carlos Beyer [a], Alfonso Soto-Sánchez [a], Raymundo Domínguez-Ordoñez [a,b], Porfirio Gómora-Arrati [a], Francisco Javier Lima-Hernández [a], José R. Eguibar [c], Anne M. Etgen [d], Oscar González-Flores [a,*]

[a] Centro de Investigación en Reproducción Animal, Universidad Autónoma de Tlaxcala-CINVESTAV, Apdo. 62, Tlaxcala, Mexico
[b] Maestría en Ciencias Biológicas-UAT, Tlaxcala, Tlax 90140, Mexico
[c] Instituto de Fisiología, Benemérita Universidad Autónoma de Puebla, Apdo. Postal 406, Puebla, Pue. C.P. 72000, Mexico
[d] D.P. Purpura Department of Neuroscience F113, Albert Einstein College of Medicine, Bronx, NY 10461, USA

ARTICLE INFO

Article history:
Received 4 August 2010
Accepted 7 November 2010
Available online 26 November 2010

Keywords:
Leptin
Lordosis behavior
Proceptive behavior
Rejection behavior
GnRH-1 receptor
Progestin receptor
Antide
RU486

ABSTRACT

Dose response curves for leptin facilitation of estrous behavior (lordosis and proceptivity) were made by infusing the peptide into the lateral ventricle (icv) of ovariectomized (ovx), *ad libitum*-fed rats injected 40 h previously with 5 μg of estradiol benzoate. Leptin doses of 1 and 3 μg produced significant lordosis quotient at 60 min post-injection, with maximal lordosis being displayed at 120 min. Yet the intensity of lordosis was weak, and a high incidence of rejection behaviors was found. Moreover, leptin did not induce significant proceptive behaviors at any dose. The leptin doses of 1 and 3 μg were selected for determining whether antide, a GnRH-1 receptor antagonist, or the progestin receptor antagonist RU486 could modify the lordosis response to leptin. Icv injection of either antide or RU486 1 h before leptin significantly depressed leptin facilitation of lordosis. The results suggest that leptin stimulates lordosis by releasing GnRH, which in turn activates GnRH-1 and progestin receptors. The physiological role of leptin in the control of estrous behavior remains to be determined.

1. Introduction

Reproductive behaviors in rodents are stimulated during the estrous cycle by the sequential secretion of ovarian steroids, estradiol (E_2) and progesterone (P). Several other non-steroidal agents have been found to stimulate estrous behavior in estrogen-primed rats (for review; Beyer and González-Mariscal, 1986; Beyer et al., 2003; Mani and Portillo, 2010). Most of them are neurotransmitters (dopamine, noradrenaline (NA), acetylcholine) or neuromodulators (gonadotropin releasing hormone (GnRH), prostaglandins, α-melanocyte hormone, etc.) involved in the transmission of signals in the neural circuits related to the expression of estrous behaviors.

Humoral stimuli originating in the periphery may also modulate estrous behavior (Bloch et al., 1987). For example, leptin, a hormone produced by adipocytes (Campfield et al., 1995; Ahima and Flier, 2000), has been reported to influence estrous behavior in rodents (Wade et al., 1997; Fox et al., 2000). Thus, leptin facilitated sexual behavior in *ad libitum* fed female hamsters, but not in food-deprived animals. In this latter condition, leptin treatment intensified the inhibition of lordosis induced by fasting (Wade et al., 1997). On the other hand, intracerebral administration of leptin failed to augment the lordosis response induced by E_2 and P and inhibited proceptivity in genetically obese Zucker rats (fa/fa; Fox et al., 2000). These results suggest that leptin has complex effects on the sexual behavior of rodents, either facilitating or inhibiting it, probably depending on the metabolic or nutritional condition of the animals.

To date no studies on leptin modulation of reproductive behaviors have been performed in the *ad libitum* fed rat. Therefore, in an initial experiment we tested the capacity of various dosages of leptin, infused into the lateral ventricle (icv), to stimulate estrous behaviors in ovariectomized (ovx), estrogen-primed rats. The finding that icv leptin significantly facilitated lordosis behavior in ovx, E_2-primed rats led us to explore the possible mechanism mediating this response. Because leptin stimulates GnRH release (Yu et al., 1997; Nagatani et al., 1998; Cunningham et al., 1999; Watanobe, 2002; Quennell et al., 2009), which can facilitate lordosis behavior (Moss and Foreman, 1976; Sakuma and Pfaff, 1980; Beyer et al.,

* Corresponding author. Address: Centro de Investigación en Reproducción Animal, Apartado Postal No. 62, Tlaxcala, Tlax, C.P. 90000, Mexico. Tel.:/fax: +52 246 46 21727.

E-mail addresses: oglezflo@prodigy.net.mx, oglezflo@hotmail.com (O. González-Flores).

0143-4179/$ - see front matter © 2010 Elsevier Ltd. All rights reserved.
doi:10.1016/j.npep.2010.11.001

1997), it was plausible that the behavioral effect of leptin was mediated through the release of this peptide. Therefore, in a second experiment we tested the capacity of antide, a GnRH-1 receptor antagonist, to interfere with the facilitatory effects of leptin on lordosis behavior of ovx, estrogen-primed rats. Finally, because GnRH enhances lordosis behavior through activation of the progestin receptor (Beyer et al., 1997), we also tested the capacity of the progestin receptor antagonist RU486 to block the lordosis behavior induced by leptin.

2. Methods

2.1. Animals

Eighty-seven sexually inexperienced Sprague Dawley female rats bred in our colony were used. Females weighed between 230 and 270 g at the onset of the experiment. They were maintained under controlled temperature (23 + 2 °C) and light conditions (14 h light: 10 h dark; lights off at 1100 h). They were fed Purina rat chow and water *ad libitum*.

2.2. Surgical procedures

All females were ovx under ether anesthesia; two weeks later, they were anesthetized with xylazine (4 mg/kg) and ketamine (80 mg/kg) and placed in a Kopf stereotaxic instrument (Tujunga, CA, USA) for implantation of a stainless steel cannula (22 gauge, 17 mm length) into the right lateral ventricle following coordinates from the atlas of Paxinos and Watson (2006) (antero-posterior + 0.80 mm, mediolateral 1.5 mm, dorsoventral −3.5 mm with respect to bregma). A stainless steel screw was fixed to the skull, and both cannula and screw were attached to the bone with dental cement. A dummy cannula (30 gauge) provided with a cap was introduced into the guide cannula to prevent clogging and contamination. Immediately after cannula implantation, females were injected with penicillin (22,000 IU/kg).

All procedures used in these experiments followed the Mexican Law for the Protection of Animals and were approved by the Institutional Animal Care and Use Committee of CINVESTAV.

2.3. Testing procedures

Tests for sexual behavior (receptivity and proceptivity) were conducted by placing females in a circular plexiglas arena (53 cm in diameter) with a vigorous male. The lordosis quotient [LQ = (number of lordosis/10 mounts) × 100] was used to assess receptive behavior. The intensity of lordosis was quantified according to the lordosis score (LS) proposed by Hardy and DeBold (1972). This scale ranged from 0 to 3 for each individual response and, consequently, from 0 to 30 for each female that received ten mounts from the male. Proceptivity was studied by determining the incidence of hopping, darting, and ear-wiggling across the whole receptivity test (Beach, 1976). We considered an animal proceptive when it showed at least two of these behaviors. We evaluated rejection behavior by determining the incidence of turns, escapes, boxing, kicking and fight (Gorzalka and Gray, 1981). We considered that an animal displayed rejection behavior when it exhibited at least two of these behaviors. In all experiments, the females were tested at 60, 120, and 240 min after leptin injection.

2.4. Chemicals and administration

Leptin (rat recombinant, purity of >97%), E_2 benzoate (EB), the progestin antagonist RU486 and the GnRH-1 receptor antagonist antide [acetyl-d-Ala(2-naphthyl)-d-Lys(*N*-nicotinoyl)-d-Lys(*N*-nicotinoyl)-Leu-Lys(*N*-isopropyl)-Pro-d-Ala-NH2] were purchased from Sigma (St. Louis, Missouri, USA). EB was dissolved in sesame oil to a concentration of 50 μg/ml. Leptin (1 mg) was initially dissolved in 111 μl of Tris (10 mM, pH = 8). From this original concentration (9 μg/μl), dilutions were made to obtain the selected leptin concentrations. Antide was dissolved in saline to a concentration of 1 mg/ml, while RU486 was dissolved in oil:benzyl benzoate:benzilic alcohol (80:15:5) to a concentration of 12.5 mg/ml.

The leptina and antide were infused through a plastic Clay Adams catheter (PE 10 No 7401), fitted to a Hamilton syringe (10 μl) that was inserted into the guide ventricular cannula.

2.5. Experiment 1 .Effect of icv injections of leptin on estrous behavior of ovx, estrogen-primed rats

The objective of this experiment was to characterize the effect of leptin on estrous behavior (lordosis and proceptivity) and to establish a dose response curve for the hormone. Females were primed with 5 μg of EB (sc in 0.1 ml sesame oil) 40 h before leptin or vehicle (Tris 10 mM, pH = 8) injections. In this experiment, leptin was injected icv at four dose levels into different animals: 0.33 (n = 8), 1 (n = 8), 3 (n = 8) and 9 μg (n = 9), dissolved in 1 μl of Tris. We used a range of dose similar to that explored by Fox et al., (2000) who found a clear inhibitory response to E2 and P administration in Zucker obese rats. Control animals (n = 9) were injected with 1 μl of vehicle (Tris).

2.6. Experiment 2. Effect of antide on estrous behavior induced by leptin

This experiment was designed to test whether lordosis behavior induced by leptin is mediated by the activation of the GnRH-1 receptor. Thirty-nine h after EB administration, nineteen female rats received an icv injection of 1 μg/μl of antide. One hour later, females received an icv injection of either 1 μg/μl (9 animals) or 3 μg/μl (10 animals) of leptin. The dose of antide was selected because it blocked the behavioral effects of GnRH in the study of Kauffman and Rissman (2004).

2.7. Experiment 3. Effect of RU486 on estrous behavior induced by leptin

This experiment was designed to test whether lordosis behavior induced by leptin is mediated through the progestin receptor. Nineteen estrogen-primed rats were injected sc with 5 mg of the antiprogestin RU486. One hour later, nine females received an icv injection of 1 μg and ten rats received 3 μg of leptin. The dose of RU486 was based on previous studies in our laboratory (Beyer et al., 1997).

2.8. Histological confirmation of cannula placement

Twenty-four hours after completion of the experiments, females were anesthetized with ether, and 1% methylene blue was administered through the cannula. Rats were killed by prolonged exposure to the anesthetic. The brain was removed and sectioned in the transverse plane to verify the cannula position in the right lateral ventricle. Data from those animals (n = 7) with the cannula outside the ventricle were discarded from the experiment.

2.9. Statistical analysis

The effect of the GnRH-1 receptor antagonist (antide) and the antiprogestin RU486 on the behavioral action of leptin was assessed by comparing the LQs obtained with this peptide alone vs those obtained when antide and RU486 were added. Because the distribution of LQ values in some groups were not normal, a Wilcoxon Mann–Whitney test was used to compare two independent groups (Siegel and Castellan, 1995). This test is an excellent alternative to the t-test with a power efficiency of 95.5% of the parametric test (Siegel and Castellan, 1995). Fisher's exact probability test was used to compare the proportion of proceptive females or females showing rejection behaviors among experimental groups.

3. Results

3.1. ICV injections of leptin facilitate lordosis behavior in ovx, estrogen-primed rats

Fig. 1 shows the LQ (panel A), LS (panel B), and the proportions of females displaying proceptivity (panel C) or rejection behaviors (panel D) of EB-primed rats at 60, 120 and 240 min following the icv infusion of the four doses of leptin. The control animals infused with vehicle showed low levels of lordosis and did not display proceptive behaviors. Rejection behavior was observed in only two control rats. Leptin-injected females showed significant, dose-dependent lordosis behavior at all three time intervals tested. A clear dose response relationship was observed between the 0.3 and 3 μg dose levels at 60 and 120 ($p < 0.05$ and 0.01, respectively) min. The highest receptivity (LQ and LS) was observed in rats receiving 3 μg of leptin, and the highest dose (9 μg) evoked a slightly lower response than 3 μg of leptin. As shown in Fig. 1B, the LS in leptin-infused females was low even at the higher dose levels (3 and 9 μg). Similarly, a very low proportion of rats displayed proceptive behaviors following leptin administration, and the response was not dose related (Fig. 1C). By contrast, rejection behavior was clearly stimulated by leptin administration at the 1 and 9 μg doses (Fig. 1D) at 60 and 120 min, with the largest response observed 60 min after infusion of 1 μg of leptin.

3.2. Effect of antide on estrous behaviors induced by leptin

As shown in Fig. 2, administration of 1 μg of antide significantly prevented the stimulatory effect of 1 μg ($p < 0.01$ at 60 and 120 min) or 3 μg ($p < 0.01$ at 60 and 120 min; $p < 0.05$ at 240 min) of leptin on lordosis behavior in estrogen-primed rats. Moreover, antide also significantly reduced the expression of rejection behaviors in that only one antide-treated female displayed these behaviors.

3.3. Effect of RU486 on lordosis behavior induced by leptin

Fig. 3 shows lordosis behavior induced by the icv administration of 1 (panel A) and 3 μg (panel B) of leptin. Administration of RU486 significantly decreased the LQ induced by 1 and 3 μg of leptin at 60 and 120 min. The effect was transitory because at 240 min after leptin administration, no significant differences were observed between females receiving only leptin and those receiving both leptin and RU486. RU486 also significantly decreased both lordosis score and the percentage of females showing rejection behaviors.

4. Discussion

The present study shows that icv infusion of leptin elicits significant, although weak lordosis behavior in ovx, EB-primed rats under *ad libitum*-fed conditions. This result agrees with data obtained in *ad libitum* fed hamsters by Wade et al. (1997). Leptin failed to elicit full estrous behavior in estrogen-primed rats; proceptivity was absent in most rats receiving the hormone, and rejection behaviors were frequently observed. This finding is consistent with the report that icv leptin inhibits proceptivity in Zucker obese rats treated with EB and P (Fox et al., 2000). This paradoxical feature of leptin, facilitating lordosis and inhibiting proceptivity, suggests that the hormone can directly or indirectly dissociate neural mech-

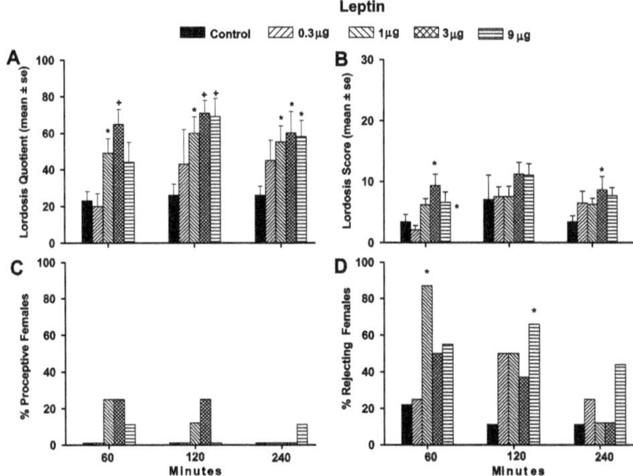

Fig. 1. Effect of the icv injection of 0.33 ($n = 8$), 1 ($n = 8$), 3 ($n = 8$) and 9 μg ($n = 9$), of leptin to ovariectomized, estrogen-primed rats on: lordosis quotient (A); lordosis score (B),% proceptive females (C) and% rejecting females (D). Females were tested at 60, 120, and 240 min after injection of leptin or vehicle (control). *$p < 0.01$, $^{*}p < 0.05$ vs control.

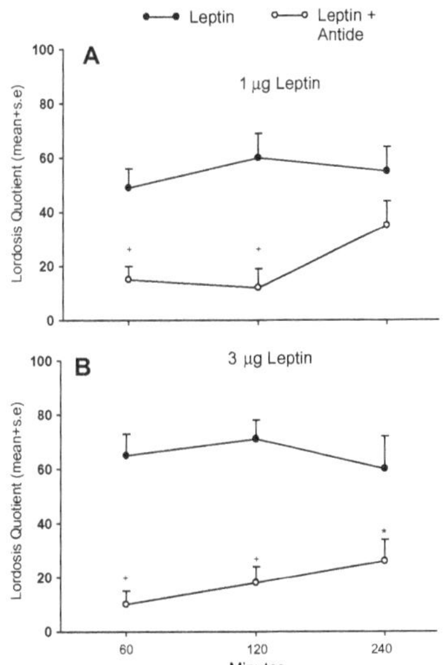

Fig. 2. Effect of icv injection of 1 μg of the GnRH-1 receptor antagonist antide on the facilitation of lordosis by 1 μg (A) and 3 μg of leptin (B). Facilitation of lordosis behavior by 1 μg/μl (9 animals) and 3 μg/μl (10 animals) of leptin at 60 and 120 min was inhibited by antide at 60 and 120 min post-injection. The antide or vehicle was injected 60 min before. $^{+}p < 0.01$, $^{*}p < 0.05$ vs antide plus leptin.

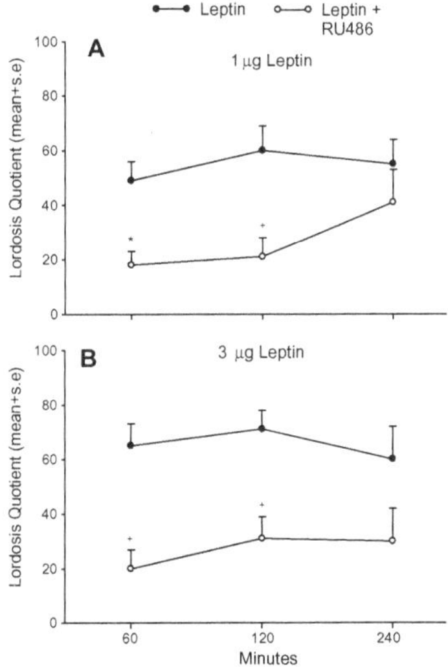

Fig. 3. Effect of sc injection of 5 mg of the progestin receptor antagonist RU486 on the facilitation of lordosis by 1 μg (A; $n = 9$) and 3 μg of leptin (B; $n = 10$). The facilitation of lordosis behavior by leptin at 60 and 120 min was antagonized by RU486. The RU486 or vehicle was injected 60 min before leptin. $^{*}p < 0.05$, $^{+}p < 0.01$ vs RU486 plus leptin.

anisms that under normal conditions function together. Interestingly, a significant proportion of leptin-treated rats showed intense and persistent rejection behaviors, which are rarely seen in receptive rats.

The mechanisms through which leptin exerts its diverse behavioral effects (facilitation of lordosis and rejection behaviors, inhibition of proceptivity) are not clear. A direct effect of leptin on hypothalamic neurons related to the expression of lordosis behavior cannot be ruled out. For example, administration of leptin activates the ventromedial hypothalamic neurons associated with lordosis facilitation (Schwartz et al., 1996), however, few or no leptin receptors are expressed in this region (i.e., ventrolateral part of the ventromedial hypothalamic nucleus (Funahashi et al., 2003; Elmquist et al., 1998). Our results strongly suggest that the effect of leptin on lordosis behavior is mediated through GnRH release, because icv administration of antide (an antagonist of the GnRH-1 receptor) prior to leptin inhibited the ability of leptin to facilitate lordosis. This interpretation is consistent with the finding that leptin stimulates the release of GnRH from hypothalamic explants (Yu et al., 1997; Watanobe, 2002). Stimulation of GnRH secretion by leptin may not involve direct actions of leptin on GnRH neurons, because double-labelling experiments using in situ hybridization and immunohistochemistry indicate that few, if any, GnRH neurons express leptin receptors in rats (Hakansson et al., 1998; Quennell et al., 2009) or in monkeys (Finn et al., 1998). This suggests that leptin stimulation of GnRH release is mediated through activation of afferent neurons that project to GnRH secreting cells (Cunningham et al., 1999).

It is only possible to speculate on the intermediary neurotransmitter involved in the stimulatory effect of leptin on GnRH release. GnRH neurons receive a rich afferent input from axon terminals containing a large variety of agents including catecholamines, serotonin, GABA, glutamate, opioid peptides, neuropeptide Y, vasoactive intestinal peptide, neurotensin, substance P and kisspeptin (see review; Clarke and Pompolo, 2005). The effect of leptin on most of these neurotransmitters has not been explored. Moreover, in some cases, leptin inhibits rather than stimulates the release of these neurotransmitters. For example, *in vitro* studies indicate that leptin decreases basal NA release from the hypothalamus in a dose-dependent manner (Francis et al., 2004). In other cases, leptin stimulates the activity of afferent fibers to GnRH neurons, as in the case of kisspeptin (Smith et al., 2006; Kauffman et al., 2007). A substantial proportion of kisspeptin neurons in the arcuate nucleus express leptin receptors in mice (Smith et al., 2006), and in the mouse and rat hypothalamus, the kisspeptin receptor GPR54 is expressed in GnRH neurons, suggesting that kisspeptin may directly modulate GnRH secretion (Irwig et al., 2004; Messager et al., 2005).

Regarding the display of rejection behaviors by rats treated with leptin, some data suggest that inhibition of the noradrenergic system may participate in this response. *In vitro* studies show that leptin decreases NA release from the hypothalamus in a dose-dependent manner (Francis et al., 2004). Inhibition of NA release significantly increases rejection behaviors (Meston et al., 1996). Inhibition of NA release also decreases ear wiggling, a typical proceptive behavior in rats (Meston et al., 1996). Therefore, it is possible that icv administration of leptin simultaneously activates two mechanisms leading to opposing responses: (1) GnRH release, resulting in lordosis facilitation, and (2) inhibition of NA release, eliciting the display of rejection behaviors and inhibiting proceptivity. Under no experimental conditions, these responses are likely to be triggered separately depending on nutritional or metabolic conditions.

Recent studies suggest that progestin receptors are a common effector for molecules of various structures that facilitate estrous behaviors in ovx, estrogen-primed rats (Beyer et al., 2003; Mani and Portillo, 2010). This idea is supported by the ability of progestin receptor antagonists to interfere with the facilitatory effects on lordosis behavior not only of P but also of ring A-reduced progestins, dopamine agonists, prostaglandin E2 and GnRH (Beyer et al., 1997, 2003; Mani and Portillo, 2010). The fact that RU486 inhibited the lordosis behavior induced by leptin in the present study also suggests that this peptide mediates activation of progestin receptors, perhaps via GnRH release.

The characteristics of the behavioral response to leptin, weak lordosis intensity (LS) and absence of proceptive behaviors, does not support an essential role of this hormone in the display of estrous behavior during the ovarian cycle in *ad libitum*-fed rats. Leptin serum levels do not change significantly during the rat estrous cycle (Amico et al., 1998), and leptin receptor densities are low during proestrous (Bennett et al., 1999). On the other hand, it is well established that leptin participates in the initiation of puberty through the activation of GnRH neurons (Ahima and Flier, 2000; Mann and Plant, 2002). Therefore, it is tempting to speculate that under natural (non laboratory conditions), in which frequent anestrous periods are intercalated into the reproductive life of the rat (Knuth and Friesen, 1983), leptin participates in reinitiating reproductive activity, including lordosis behavior, by priming or directly stimulating GnRH neurons. Support for this idea comes from the observation in Syrian hamsters that fasting-induced anestrus is reversed by leptin administration (Schneider et al., 1998). Further studies are required to establish the physiological role of leptin in the regulation of estrous behaviors in rats.

Acknowledgments

The authors gratefully acknowledge the technical assistance of Guadalupe Domínguez-López. This work was supported by PROM-EP/103.5/04/1294 and by the Eunice Kennedy Shriver National Institute of Child Health and Human Development/National Institutes of Health through cooperative agreement HD058155 as part of the Specialized Cooperative Centers Program in Reproduction and Infertility Research.

References

Ahima, R.S., Flier, J.S., 2000. Leptin. Annu. Rev. Physiol. 62, 413–437.
Amico, J.A., Thomas, A., Crowley, R.S., Burmeister, L.A., 1998. Concentrations of leptin in the serum of pregnant, lactating, and cycling rats and of leptin messenger ribonucleic acid in rat placental tissue. Life Sci. 63, 1387–1395.
Beach, F.A., 1976. Sexual attractivity, proceptivity and receptivity in female mammals. Horm. Behav. 2, 105–138.
Bennett, P.A., Lindell, K., Wilson, C., Carlsson, L.M., Carlsson, B., Robinson, I.C., 1999. Cyclical variations in the abundance of leptin receptors, but not in circulating leptin, correlate with NPY expression during the oestrous cycle. Neuroendocrinology 69, 417–423.
Beyer, C., Gonzalez-Flores, O., Garcia-Juarez, M., Gonzalez-Mariscal, G., 2003. Non-ligand activation of estrous behavior in rodents: cross-talk at the progesterone receptor. Scand. J. Psychol. 44, 221–229.
Beyer, C., González-Flores, O., González-Mariscal, G., 1997. Progesterone receptor participates in the stimulatory effect of LHRH, prostaglandin E_2 and cyclic AMP on lordosis and proceptive behavior in rats. J. Neuroendocrinol. 9, 609–614.
Beyer, C., González-Mariscal, G., 1986. Elevation in hypothalamic cyclic AMP as a common factor in the facilitation of lordosis in rodents: a working hypothesis. Ann. NY Acad. Sci. 474, 270–281.
Bloch, G.J., Babcock, A.M., Gorski, R.A., Micevych, P.E., 1987. Cholecystokinin stimulates and inhibits lordosis behavior in female rats. Physiol. Behav. 39, 217–224.
Campfield, L.A., Smith, F.J., Guisez, Y., Devos, R., Burn, P., 1995. Recombinant mouse OB protein: evidence for a peripheral signal linking adiposity and central neural networks. Science 269, 546–549.
Clarke, I.J., Pompolo, S., 2005. Synthesis and secretion of GnRH. Anim. Reprod. Sci. 88, 29–55.
Cunningham, M.J., Clifton, D.K., Steiner, R.A., 1999. Leptin's actions on the reproductive axis: perspectives and mechanisms. Biol. Reprod. 60, 216–222.
Elmquist, J.K., Bjørbaek, C., Ahima, R.S., Flier, J.S., Saper, C.B., 1998. Distributions of leptin receptor mRNA isoforms in the rat brain. J. Comp. Neurol. 395, 535–547.
Finn, P.D., Cunningham, M.J., Pau, K.Y., Spies, H.G., Clifton, D.K., Steiner, R.A., 1998. The stimulatory effect of leptin on the neuroendocrine reproductive axis of the monkey. Endocrinology 139, 4652–4662.
Fox, A.S., Foorman, A., Olster, D.H., 2000. Effects of intracerebroventricular leptin administration on feeding and sexual behaviors in lean and obese female Zucker rats. Horm. Behav. 37, 377–387.
Francis, J., MohanKumar, S.M., MohanKumar, P.S., 2004. Leptin inhibits norepinephrine efflux from the hypothalamus in vitro: role of gamma aminobutyric acid. Brain Res. 1021, 286–291.
Funahashi, H., Yada, T., Suzuki, R., Shioda, S., 2003. Distribution, function, and properties of leptin receptors in the brain. Int. Rev. Cytol. 224, 1–27.
Gorzalka, B.B., Gray, D.S., 1981. Receptivity, rejection and reactivity in female rats following kainic acid and electrolytic septal lesions. Physiol. Behav. 26, 39–44.
Hakansson, M.L., Brown, H., Ghilardi, N., Skoda, R.C., Meister, B., 1998. Leptin receptor immunoreactivity in chemically defined target neurons of the hypothalamus. J. Neurosci. 18, 559–572.
Hardy, D.F., DeBold, J.F., 1972. The relationship between levels of exogenous hormones and the display of lordosis by the female rat. Horm. Behav. 2, 287–297.
Irwig, M.S., Fraley, G.S., Smith, J.T., Acohido, B.V., Popa, S.M., Cunningham, M.J., Gottsch, M.L., Clifton, D.K., Steiner, R.A., 2004. Kisspeptin activation of gonadotropin releasing hormone neurons and regulation of KiSS-1 mRNA in the male rat. Neuroendocrinology 80, 264–272.
Kauffman, A.S., Park, J.H., McPhie-Lalmansingh, A.A., Gottsch, M.L., Bodo, C., Hohmann, J.G., Pavlova, M.N., Rohde, A.D., Clifton, D.K., Steiner, R.A., Rissman, E.F., 2007. The kisspeptin receptor GPR54 is required for sexual differentiation of the brain and behavior. J. Neurosci. 27, 8826–8835.
Kauffman, A.S., Rissman, E.F., 2004. A critical role for the evolutionarily conserved gonadotropin-releasing hormone II: mediation of energy status and female sexual behavior. Endocrinology 145, 3639–3646.
Knuth, U.A., Friesen, H.G., 1983. Starvation induced anoestrous: effect of chronic food restriction on body weight, its influence on oestrous cycle and gonadotrophin secretion in rats. Acta Endocrinol. 104, 402–409.
Mani, S., Portillo, W., 2010. Activation of progestin receptors in female reproductive behavior: Interactions with neurotransmitters. Front. Neuroendocrinol. 31, 157–171.
Mann, D.R., Plant, T.M., 2002. Leptin and pubertal development. Semin. Reprod. Med. 20, 93–102.
Messager, S., Chatzidaki, E.E., Ma, D., Hendrick, A.G., Zahn, D., Dixon, J., Thresher, R.R., Malinge, I., Lomet, D., Carlton, M.B., Colledge, W.H., Caraty, A., Aparicio, S.A., 2005. Kisspeptin directly stimulates gonadotropin-releasing hormone release via G protein-coupled receptor 54. Proc. Natl. Acad. Sci. U.S.A. 102, 1761–1766.
Meston, C.M., Moe, I.V., Gorzalka, B.B., 1996. Effects of sympathetic inhibition on receptive, proceptive, and rejection behaviors in the female rat. Physiol. Behav. 59, 537–542.
Moss, R.L., Foreman, M.M., 1976. Potentiation of lordosis behavior by intrahypothalamic infusion of synthetic luteinizing hormone releasing hormone. Neuroendocrinology 20, 176–181.
Nagatani, S., Guthikonda, P., Thompson, R.C., Tsukamura, H., Maeda, K.I., Foster, D.L., 1998. Evidence for GnRH regulation by leptin: leptin administration prevents reduced pulsatile LH secretion during fasting. Neuroendocrinology 67, 370–376.
Paxinos, G., Watson, C., (Eds.), 2006. The rat brain in stereotaxic coordinates. Australia Academic Press.
Quennell, J.H., Mulligan, A.C., Tups, A., Liu, X., Phipps, S.J., Kemp, C.J., Herbison, A.E., Grattan, D.R., Anderson, G.M., 2009. Leptin indirectly regulates gonadotropin-releasing hormone neuronal function. Endocrinology 150, 2805–2812.
Sakuma, Y., Pfaff, D.W., 1980. LH-RH in the mesencephalic central grey can potentiate lordosis reflex of female rats. Nature 283, 566–567.
Schneider, J.E., Goldman, M.D., Tang, S., Bean, B., Ji, H., Friedman, M.I., 1998. Leptin indirectly affects estrous cycles by increasing metabolic fuel oxidation. Horm. Behav. 33, 217–228.
Schwartz, M.W., Seeley, R.J., Campfield, L.A., Burn, P., Baskin, D.G., 1996. Identification of targets of leptin action in rat hypothalamus. J. Clin. Invest. 98, 101–106.
Siegel, S., Castellan, N.J. (Eds.), 1995. Estadística no paramétrica: aplicada a las ciencias de la conducta. Trillas, México.
Smith, J.T., Acohido, B.V., Clifton, D.K., Steiner, R.A., 2006. KiSS-1 neurons are direct targets for leptin in the ob/ob mouse. J. Neuroendocrinol. 18, 298–303.
Wade, G.N., Lempicki, R.L., Panicker, A.K., Frisbee, R.M., Blaustein, J.D., 1997. Leptin facilitates and inhibits sexual behavior in female hamsters. Am. J. Physiol. 272, 1354–1358.
Watanobe, H., 2002. Leptin directly acts within the hypothalamus to stimulate gonadotropin-releasing hormone secretion in vivo in rats. J. Physiol. 545, 255–268.
Yu, W.H., Kimura, M., Walczewska, A., Karanth, S., McCann, S.M., 1997. Role of leptin in hypothalamic-pituitary function. Proc. Natl. Acad. Sci. U.S.A. 94, 1023–1028.

Neuropeptides 46 (2012) 49–53

Contents lists available at SciVerse ScienceDirect

Neuropeptides

journal homepage: www.elsevier.com/locate/npep

The nitric oxide pathway participates in lordosis behavior induced by central administration of leptin

Marcos García-Juárez[a,b], Carlos Beyer[a], Porfirio Gómora-Arrati[a], Francisco J. Lima-Hernández[a], Raymundo Domínguez-Ordoñez[a], José R. Eguibar[b], Anne M. Etgen[c], Oscar González-Flores[a,*]

[a] *Centro de Investigación en Reproducción Animal, Universidad Autónoma de Tlaxcala – CINVESTAV, Apdo. 62, Tlaxcala, Mexico*
[b] *Instituto de Fisiología, y Secretaría General, Benemérita Universidad Autónoma de Puebla, Apdo. Postal 5-66, Puebla, Pue. C.P. 72430, Mexico*
[c] *D.P. Purpura Department of Neuroscience, Albert Einstein College of Medicine, Bronx, NY 10461, USA*

ARTICLE INFO

Article history:
Received 4 August 2011
Accepted 30 September 2011
Available online 21 October 2011

Keywords:
Leptin
Lordosis behavior
Nitric oxide
Nitric oxide synthase
Cyclic GMP
L-NAME
ODQ
KT5823

ABSTRACT

Intracerebroventricular (icv) administration of leptin facilitates lordosis behavior in *ad libitum*-fed, estrogen-primed rats. The cellular mechanism involved in this response is unknown. The present study tested the hypothesis that the nitric oxide-guanylyl cyclase, cGMP-dependent protein kinase (PKG) pathway is involved in the facilitation of lordosis behavior induced by the central administration of leptin. We tested the importance of the nitric oxide/cGMP pathway for lordosis stimulation by either icv infusion of a nitric oxide synthase inhibitor (L-NAME) or a nitric oxide-dependent, soluble guanylyl cyclase inhibitor (ODQ) 30 min before leptin administration (1 μg). This dose of leptin reliably induced lordosis behavior in ovariectomized estradiol benzoate treated rats. The lordosis induced by leptin at 1 and 2 h after infusion was significantly reduced by the previous injection of either L-NAME or by ODQ. Intracerebroventricular infusion of the PKG inhibitor (KT5823) 30 min before leptin infusion, also significantly inhibited the lordosis behavior induced by leptin at 1 and 2 h after hormone administration. These data support the hypothesis that the nitric oxide/cGMP/PKG pathway is involved in the facilitation of lordosis by leptin in estrogen-primed female rats.

1. Introduction

Leptin, a peptide secreted by white adipocytes, plays an essential role in the control of metabolism through a coordinate regulation of energy balance, feeding behavior and neuroendocrine responses (Sinha, 1997). Leptin informs the brain that energy stores have achieved the adequate level for reproduction and therefore for the initiation of sexual behavior (Schneider et al., 2007). As could be anticipated, the effect of leptin on estrous behavior depends on the metabolic or nutritional condition of the animals (Marin-Bivens and Olster, 1997; Wade et al., 1997; Fox and Olster, 2000; Schneider et al., 2007). Thus, leptin facilitates estrous behavior in *ad libitum*-fed hamsters, but not in food-deprived animals. In this latter condition, leptin treatment even intensified the inhibition of lordosis induced by fasting (Wade et al., 1997). We recently found similar results in *ad libitum*-fed, ovariectomized (ovx) rats, in which intracerebral infusion of leptin induced lordosis behavior in females primed with estradiol (E_2; García-Juárez et al., 2011).

By contrast with most other agents stimulating estrous behavior, leptin stimulates lordosis behavior (receptivity), but not proceptivity. The intensity of the lordosis response is also low (García-Juárez et al., 2011), with few subjects displaying maximal lordosis values (i.e., 3) in the Hardy and DeBold scale (1972, 1973). Moreover, frequent rejection behavior was observed. This finding contrast with the results obtained with progesterone (P) or other non steroidal agents (gonadotropin-releasing hormone; GnRH; prostaglandin E_2; PGE_2) capable of stimulating full estrous behavior (Beyer et al., 1995, 1997). This suggests that leptin stimulates alternative mechanism modulating the expression of estrous behavior, i.e., proceptivity. Thus, leptin administration decreases NA release from the hypothalamus (Francis et al., 2004), and this effect decreases proceptivity (ear wiggling) and increases rejection behaviors in rats (Meston et al., 1996).

The cellular mechanisms underlying leptin-facilitated sexual behavior are not fully known. Leptin acts through the OB-Rb leptin receptor (the longest isoform of the receptor), which contains an intracellular motif required for activation of the Janus kinase (JAK), and signal transducer and activator of transcription-3 pathway (STAT3; Bates and Myers, 2003). Leptin also engages multiple

* Corresponding author. Address: Centro de Investigación en Reproducción Animal, Apartado Postal No. 62, Tlaxcala, Tlax. C.P. 90000, Mexico. Tel./fax: +52 246 46 21727.
E-mail addresses: oglezflo@hotmail.com, oglezflo@gmail.com (O. González-Flores).

0143-4179/$ - see front matter © 2011 Elsevier Ltd. All rights reserved.
doi:10.1016/j.npep.2011.09.003

signaling pathways such as phosphoinositide 3 kinase, protein kinase G, protein kinase C, mitogen-activated protein kinase and phospholipase C (Sweeney, 2002; Fruhbeck, 2006).

Several data point to an important role of nitric oxide (NO) and its downstream target protein kinase G (PKG) in the control of reproductive processes such as gonadotropin secretion and ovulation (Calka, 2006; Prestifilippo et al., 2007). Moreover, it has been shown that NO participates in the activation of estrous behavior in ovx, estrogen-primed rats by several agents: progestins (Mani et al., 1994; González-Flores and Etgen, 2004), GnRH, prostaglandin E_2 and dibutiril cyclic adenosine monophosphate (db-cAMP; González-Flores et al., 2009), and by vaginocervical stimulation (González-Flores et al., 2007). Therefore the goal of the present study was to determine whether the NO–cGMP–PKG pathway plays a role in the facilitation of estrous behavior induced by the icv administration of leptin by using blockers (L-NAME, ODQ, and KT5823) acting at different levels of NO-cGMP-PKG pathway.

2. Material and methods

2.1. Animals and surgeries

Fifty-four adult female Sprague–Dawley rats (175–200 g) bred in our colony in Tlaxcala were used, and maintained on a 14-h light/10-h dark cycle with lights off at 1100. They were maintained under controlled temperature (21 ± 2 °C) with Purina rat chow and water provided *ad libitum*. All females were bilaterally ovx; one week later they were anesthetized with xylazine (4 mg/kg) and ketamine (80 mg/kg), placed into a Kopf stereotaxic apparatus, and secured with ear bars and nose piece set at +5 mm. A 22-gauge guide cannula (Plastics One, Roanoke, VA) was implanted into the right lateral ventricle using coordinates from the Paxinos and Watson atlas (2006; anterior–posterior +0.80 mm, mediolateral 1.5 mm, dorsoventral −3.5 mm with respect to bregma). A stainless steel screw was fixed to the skull, and both cannula and screw were attached to the bone with dental cement. A dummy cannula (30 gauge) was introduced into the guide cannula to prevent clogging and contamination. All procedures used in these experiments followed the Mexican Law for the Protection of Animals and were approved by the Institutional Animal Care and Use Committee of CINVESTAV.

2.2. Drug administration

Leptin (rat recombinant, purity >97%) and E_2 benzoate (E_2B) were purchased from Sigma (St. Louis, MO), and L-NAME (NG-nitro-L-arginine methyl ester) was purchased from RBI (Natick, MA). ODQ (1H-[1,2,4]oxadiazolo[4,3-a]quinoxalin-1-one) was obtained from Tocris Cookson (St. Louis, MO), and KT5823 was purchased from CalBiochem (La Jolla, CA). E_2B was dissolved in sesame oil to a concentration of 50 μg/ml. Leptin (1 mg) was initially dissolved in 111 μl of Tris (10 mM, pH = 8). From this original concentration, dilutions were made to obtain the selected leptin dose of 1 μg/μl. L-NAME was prepared in sterile saline, and ODQ and KT5823 were prepared in 10% DMSO; all these agents were infused in a volume of 1 μl. All drugs were administered to the right lateral ventricle through the guide cannula over 1.5 min, and another 1.5 min was allowed for drug diffusion before the removal of the infusion needle.

2.3. Experiment 1: Effect of icv infusion of 1 μg of leptin on female sexual behavior

One week after stereotaxic surgery, all females received a subcutaneous (sc) injection of 5 μg of E_2B in 0.1 ml of oil. Forty hr later leptin was administered icv to ovx rats 1 μg of leptin plus saline (n = 8). A control group (n = 10) was injected with the Tris. The leptin dose was selected from dose-response curves previously established to induce reliable lordosis behavior in *ad libitum* fed rats of our strain and conditions (García-Juárez et al., 2011). Estrous behavior (lordosis and proceptivity) was tested at 1, 2 and 4 h after leptin administration.

2.4. Experiment 2. Effect of L-NAME, ODQ or KT5823 on estrous behavior induced by leptin

One week after stereotaxic surgery, all females received a sc injection of 5 μg of E_2B in 0.1 ml of oil. Forty hours later 1 μg of leptin plus DMSO (n = 8) was administered icv to ovx rats. To explore if leptin induced sexual behavior through the NO–cGMP-PKG pathway, we used a dose of either 500 μg of L-NAME, 22 μg of ODQ or 0.12 μg of KT5823 combined with the leptin dose as follows: L-NAME plus 1 μg of leptin (n = 11); ODQ plus 1 μg of leptin (n = 8); and KT5823 plus 1 μg of leptin (n = 9). L-NAME, ODQ or KT5823 were administered 30 min before leptin or vehicle. The doses of these NO–cGMP pathway inhibitors were selected on the basis of previous work (Chu and Etgen, 1997, 1999; Chu et al., 1999; González-Flores and Etgen, 2004; González-Flores et al., 2009). Saline or DMSO (i.e., solvent of L-NAME and ODQ or KT5823 respectively) were administered 30 min before 1 μg leptin for control purposes.

2.5. Testing procedures

One, 2 and 4 h after leptin administration, E_2B-primed females were placed in a circular Plexiglas arena (53 cm in diameter) until they received 10 mounts with clear pelvic thrusting from an experienced male. The lordosis quotient [LQ = (number of lordosis/10 mounts) × 100] was used to assess receptive behavior. The intensity of lordosis was quantified according to the lordosis score (LS) proposed by Hardy and DeBold (1972). This scale ranged from 0 to 3 for each individual response and, consequently, from 0 to 30 for each female that received 10 mounts.

2.6. Histological confirmation of cannula placement

After the final test for lordosis the animals were anesthetized with halothane, and 1% methylene blue was administered through the cannula. The brain was removed and sectioned in the transverse plane to check cannula position into the right lateral ventricle. The animals whose cannula was not in place were discarded from the study.

2.7. Statistical analysis

The effect of L-NAME, ODQ and KT5823 on the behavioral action of leptin was assessed by comparing the LQs and LSs obtained with this peptide alone versus those obtained when the inhibitors were also administered. Because the distribution of LQ and LS values in some groups were not normal, a Wilcoxon Mann–Whitney test was used to compare two independent groups at the different times tested (Siegel and Castellan, 1995). This test is an excellent alternative to the t-test with a power efficiency of 95.5% of the parametric test (Siegel and Castellan, 1995).

3. Results

3.1. Leptin-facilitation of lordosis behavior

Fig. 1 shows both the LQ (A) and LS (B) obtained 1, 2 and 4 h after icv injection of 1 μg of leptin. Leptin induced a significant increase in lordosis behavior already 1 h after its infusion, maximal values obtained between 2 and 4 h post-infusion. Tris, the leptin solvent, failed to stimulate lordosis behavior. LS values even though significantly higher than those observed in control rats were of weak intensity, no leptin treated rat displaying LS values of 3 (Hardy and DeBold, 1972).

3.2. Inhibition of nitric oxide synthase (NOS) reduces leptin facilitated lordosis behavior

Lordosis quotient (LQ) induced by 1 μg of leptin was significantly reduced at 1 and 2 h post-infusion ($P < 0.01$ or $P < 0.001$, respectively) by icv administration of L-NAME performed 30 min before leptin infusion (see Fig. 2A). Saline injection (30 min before leptin injection) failed to prevent the stimulatory effect of the peptide. Lordosis score (LS; panel B) induced by leptin also was significantly reduced by L-NAME at 1 and 2 h after leptin administration.

3.3. Inhibition of guanylyl cyclase (GC) reduces leptin-facilitated lordosis behavior

As shown in Fig. 3, ODQ infused 30 min before leptin elicited a significant inhibition of both lordosis behavior (LQ and LS) at all time intervals tested ($P < 0.01$). The ODQ solvent (DMSO), administered 30 min before leptin, failed to prevent the stimulatory effect of leptin.

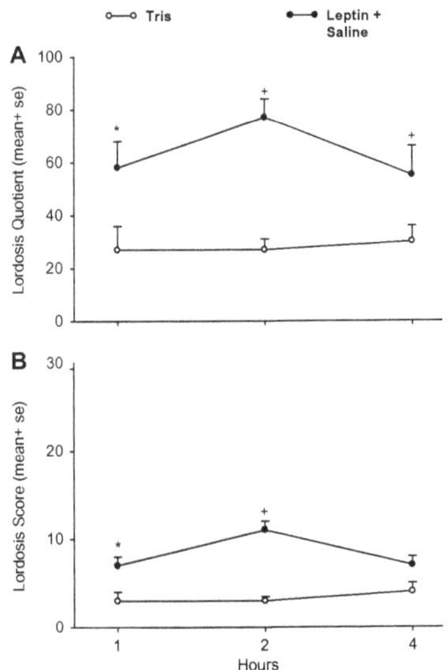

Fig. 1. Effect of icv injection of 1 μg of leptin plus saline ($n = 8$), to ovx estrogen-primed rats on: lordosis quotient (A); lordosis score (B). Females were tested at 1, 2, and 4 h after injection of leptin or Tris ($n = 10$). Leptin induced significantly lordosis behavior vs Tris. $^{+}P < 0.01$, $^{*}P < 0.05$.

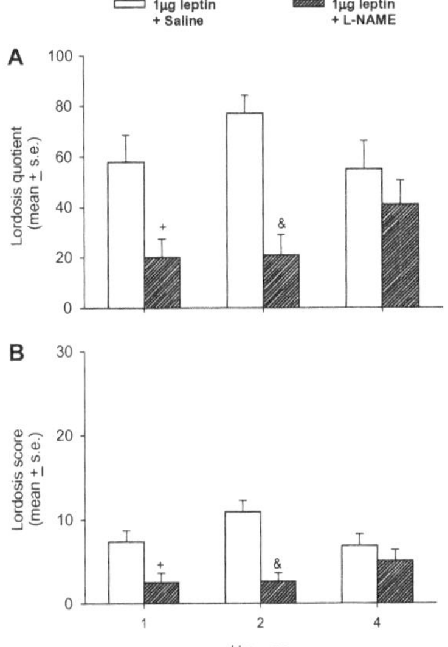

Fig. 2. Effect of icv injection of 500 μg of L-NAME a NOS inhibitor, on the lordosis quotient (A) and lordosis score (B) induced by 1 μg of leptin plus saline. Facilitation of lordosis behavior by leptin at 1 and 2 h was significantly inhibited by L-NAME ($n = 11$) vs saline plus leptin. $^{+}P < 0.01$; $^{\&}P < 0.001$.

3.4. Inhibition of PKG decreases leptin-facilitated lordosis behavior

Previous central administration of KT5823, a PKG inhibitor, inhibited lordosis behavior induced by icv infusion of 1 μg of leptin at 1 and 2 h (see Fig. 3A). LS (Fig. 3B) induced by 1 μg of leptin also was significantly inhibited by KT5823 at 1 and 2 h.

4. Discussion

The present results show that the NO-cGMP-PKG pathway is involved in enhancement of lordosis behavior produced by icv infusion of leptin in *ad libitum*-fed, ovx, E_2-primed rats. Thus, previous administration of the NOS inhibitor, L-NAME, the specific inhibitor of soluble guanylyl cyclase, ODQ and the PKG inhibitor, KT5823, significantly reduced the lordosis behavior induced by leptin.

The NO pathway has previously been implicated in a variety of reproductive effects induced by leptin (Yu et al., 1997a, 1997b; McCann et al., 1999). For example, the ability of leptin to release GnRH and LH *in vitro* are blocked by a competitive inhibitor of NOS, suggesting that leptin acts at both the hypothalamic and pituitary levels by activation of NOS (Yu et al., 1997b; Reynoso et al., 2007). Interestingly, this stimulatory effect on the NO pathway by leptin does not occur in all hypothalamic neurons. Thus, in

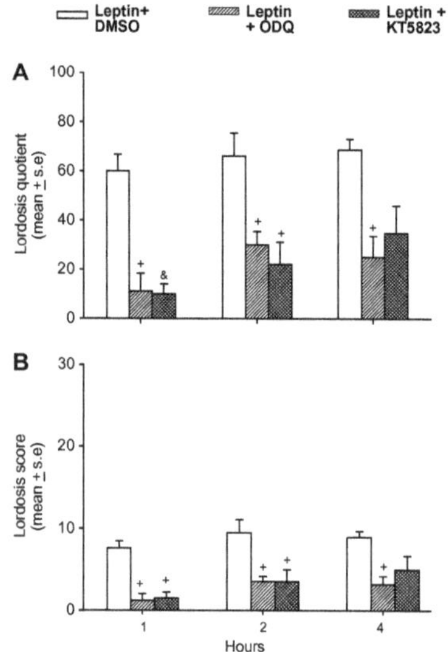

Fig. 3. Effect of icv injection of 22 µg of ODQ (1H-[1,2,4]oxadiazolo[4,3-a]quinoxalin-1-one ($n = 8$), a selective inhibitor of NO-stimulated soluble guanylyl cyclase, and 0.12 µg of KT5823 ($n = 9$), a PKG inhibitor, on the lordosis quotient (A) and lordosis score (B) induced by 1 µg/µl of leptin plus DMSO ($n = 8$). Facilitation of lordosis behavior by leptin at 1 and 2 h were significantly inhibited by ODQ and KT5823. $^{*}P < 0.01$.

VMH glucose sensitive neurons, related to feeding, NOS activity is decreased by leptin (Canabal et al., 2007).

It is not clear if NO generated by leptin directly stimulated neurons involved in the expression of lordosis or worked indirectly through the activation of interneurons which in turn could stimulate estrous behavior. Activation of the PR is important for the facilitation of lordosis behavior by leptin, since PR antagonist, RU486, inhibits this response. A large proportion of hypothalamic neurons having PRs contains ERs (Warembourg et al., 1989; Turcotte and Blaustein, 1993; Gréco et al., 2001) and are also immunoreactive for the leptin receptor (Diano et al., 1998). Therefore, the modulation of PR activity resulting in lordosis facilitation could be directly activated by occupation of obRb leptin receptors.

Previous results have shown that blockage of GnRH receptors depress the stimulatory effect of leptin on lordosis behavior in the rat (García-Juárez et al., 2011). Stimulation of GnRH by leptin may be direct since leptin receptors have been found in some GnRH neurons (Hakansson et al., 1998; Magni et al., 1999) and leptin stimulates GnRH release even in dispersed GnRH neurons (Woller et al., 2001). This would indicate that an interneuronal network is unnecessary for leptin effect. However, other workers have reported few if any leptin receptors in GnRH neurons (Hakansson et al., 1998; Quennell et al., 2009) suggesting that leptin stimulation of GnRH release is mediated through NOergic neurons projecting to GnRH cells (Cunningham et al., 1999). These afferent neurons most likely release NO since blockage of NO release prevents the release of GnRH (Rettori et al., 1993). More circuitous pathways, including inhibition of NPY by leptin (Wolf, 1997) and therefore, activation on NOergic neurons through disinhibited noradrenergic neurons cannot be excluded (Francis et al., 2004). Independently of its site of action, our data support the idea that the NO-cGMP-PKG system is an important pathway to elicit lordosis in rodents by a variety of agents (progestins, GnRH., PGE2, dopamine, cAMP, etc.; González-Flores et al., 2004, 2009) or procedures (vaginocervical stimulation; González-Flores et al., 2007). This conclusion is supported by previous data; for example, Beyer and Canchola (1981) and Fernández-Guasti et al. (1983) found that systemic administration of phosphodiesterase inhibitors and guanine derivatives to estrogen-primed female rats facilitated the display of estrous behavior. Moreover, guanine derivatives (GTP and cGMP) induced lordosis behavior in E_2-primed rats in the absence of progesterone (Fernández-Guasti et al., 1983; Chu et al., 1999). Intracerebroventricular infusion of 8-bromo-cGMP, a cell-permeable cGMP analog, also facilitates lordosis responses in estrogen-primed rats (Chu and Etgen, 1997; Chu et al., 1999). Likewise, icv administration of ODQ, an inhibitor of NO-dependent soluble guanylyl cyclase, significantly decreases estrous behavior in E_2 and progesterone-treated animals, suggesting a role for NO stimulated cGMP production pathway (Chu and Etgen, 1997).

Many findings indicate that several signaling pathways besides NO-CGMP-PKG participate in lordosis facilitation in rodents. The participation of multiple signaling pathways in the production of a complex behavior such as estrus, is not exceptional and could be explained either by multiple signals (neurotransmitters, neuromodulators, etc.) acting on different receptors on the cell membrane or by the intracellular interaction of various signaling pathways triggered by a single agent. The fact that NO can activate several kinase systems: protein kinase A, phosphodiesterases and MAPK (Francis et al., 2010), and that it participates in estrous facilitation by several agents, makes it a good candidate for this second possibility (Garthwaite and Boulton, 1995; Paakkari and Lindsberg, 1995), i.e., NO being the initial signal in the cascade of intracellular events leading to the expression of lordosis.

Acknowledgments

The authors gratefully acknowledge the technical assistance of Guadalupe Domínguez-López. This work was supported by PROMEP/103.5/04/1294 and by the Eunice Kennedy Shriver National Institute of Child Health and Human Development/National Institutes of Health through cooperative agreement U54 HD058155 as part of the Specialized Cooperative Centers Program in Reproduction and Infertility Research. Garcia-Juarez is a fellowship from CONACYT No. 273360. This work is part of the thesis of M. García-Juárez in partial fulfillment of requirements for a PhD degree in Physiological Sciences, at the Benemérita Universidad Autónoma of Puebla.

References

Bates, S.H., Myers Jr., M.G., 2003. The role of leptin receptor signaling in feeding and neuroendocrine function. Trends Endocrinol. Metab. 14, 447–452.
Beyer, C., Canchola, E., 1981. Facilitation of progesterone induced lordosis behavior by phosphodiesterase inhibitors in estrogen primed rats. Physiol. Behav. 27, 731–733.
Beyer, C., González-Flores, O., González-Mariscal, G., 1995. Ring A reduced progestins potently stimulate estrous behavior in rats: paradoxical effect through the progesterone receptor. Physiol. Behav. 58, 985–993.
Beyer, C., González-Flores, O., González-Mariscal, G., 1997. Progesterone receptor participates in the stimulatory effect of LHRH, prostaglandin E_2 and cyclic AMP on lordosis and proceptive behavior in rats. J. Neuroendocrinol. 9, 609–614.
Calka, J., 2006. The role of nitric oxide in the hypothalamic control of LHRH and oxytocin release, sexual behavior and aging of the LHRH and oxytocin neurons. Folia Histochem. Cytobiol. 44, 3–12.
Canabal, D.D., Song, Z., Potian, J.G., Beuve, A., McArdle, J.J., Routh, V.H., 2007. Glucose, insulin, and leptin signaling pathways modulate nitric oxide synthesis

in glucose-inhibited neurons in the ventromedial hypothalamus. Am. J. Physiol. Regul. Integr. Comp. Physiol. 292, R1418–R1428.
Chu, H.P., Etgen, A.M., 1997. A potential role of cyclic GMP in the regulation of lordosis behavior of female rats. Horm. Behav. 32, 125–132.
Chu, H.P., Etgen, A.M., 1999. Ovarian hormone dependence of alpha(1)-adrenoceptor activation of the nitric oxide-cGMP pathway: relevance for hormonal facilitation of lordosis behavior. J. Neurosci. 19, 7191–7197.
Chu, H.P., Morales, J.C., Etgen, A.M., 1999. Cyclic GMP may potentiate lordosis behaviour by progesterone receptor activation. J. Neuroendocrinol. 11, 107–113.
Cunningham, M.J., Clifton, D.K., Steiner, R.A., 1999. Leptin's actions on the reproductive axis: perspectives and mechanisms. Biol. Reprod. 60, 216–222.
Diano, S., Kalra, S.P., Sakamoto, H., Horvath, T.L., 1998. Leptin receptors in estrogen receptor-containing neurons of the female rat hypothalamus. Brain Res. 812, 256–259.
Fernández-Guasti, A., Rodríguez-Manzo, G., Beyer, C., 1983. Effect of guanine derivatives on lordosis behavior in estrogen primed rats. Physiol. Behav. 31, 589–592.
Fox, A.S., Olster, D.H., 2000. Effects of intracerebroventricular leptin administration on feeding and sexual behaviors in lean and obese female Zucker rats. Horm. Behav. 37, 377–387.
Francis, J., MohanKumar, S.M., MohanKumar, P.S., 2004. Leptin inhibits norepinephrine efflux from the hypothalamus in vitro: role of gamma aminobutyric acid. Brain Res. 1021, 286–291.
Francis, S.H., Busch, J.L., Corbin, J.D., Sibley, D., 2010. CGMP-dependent protein kinases and cGMP phosphodiesterases in nitric oxide and cGMP action. Pharmacol. Rev. 62, 525–563.
Fruhbeck, G., 2006. Intracellular signalling pathways activated by leptin. Biochem. J. 393, 7–20.
García-Juárez, M., Beyer, C., Soto-Sánchez, A., Domínguez-Ordoñez, R., Gómora-Arrati, P., Lima-Hernández, F.J., Eguibar, J.R., Etgen, A.M., González-Flores, O., 2011. Leptin facilitates lordosis behavior through GnRH-1 and progestin receptors in estrogen-primed rats. Neuropeptides 45, 63–67.
Garthwaite, J., Boulton, C.L., 1995. Nitric oxide signaling in the central nervous system. Annu. Rev. Physiol. 57, 683–706.
González-Flores, O., Beyer, C., Lima-Hernández, F.J., Gómora-Arrati, P., Gómez-Camarillo, M.A., Hoffman, K., Etgen, A.M., 2007. Facilitation of estrous behavior by vaginal cervical stimulation in female rats involves alpha1-adrenergic receptor activation of the nitric oxide pathway. Behav. Brain Res. 176, 237–243.
González-Flores, O., Camacho, F.J., Domínguez-Salazar, E., Ramírez-Orduna, J.M., Beyer, C., Paredes, R.G., 2004. Progestins and place preference conditioning after paced mating. Horm. Behav. 46, 151–157.
González-Flores, O., Etgen, A.M., 2004. The nitric oxide pathway participates in estrous behavior induced by progesterone and some of rig A-reduced metabolites. Horm. Behav. 45, 50–57.
González-Flores, O., Gómora-Arrati, P., García-Juárez, M., Gómez-Camarillo, M.A., Lima-Hernández, F.J., Beyer, C., Etgen, A.M., 2009. Nitric oxide and ERK/MAPK mediation of estrous behavior induced by GnRH, PGE_2 and db-cAMP in rats. Physiol. Behav. 96, 606–612.
Gréco, B., Allegretto, E.A., Tetel, M.J., Blaustein, J.D., 2001. Coexpression of ER beta with ER alpha and progestin receptor proteins in the female rat forebrain: effects of estradiol treatment. Endocrinology 142, 5172–5181.
Hakansson, M.L., Brown, H., Ghilardi, N., Skoda, R.C., Meister, B., 1998. Leptin receptor immunoreactivity in chemically defined target neurons of the hypothalamus. J. Neurosci. 18, 559–572.
Hardy, D.F., DeBold, J.F., 1972. The relationship between levels of exogenous hormones and the display of lordosis by the female rat. Horm. Behav. 2, 287–297.
Hardy, D.F., DeBold, J.F., 1973. Effects of repeated testing on sexual behavior of the female rat. J. Comp. Physiol. Psychol. 85, 195–202.
Magni, P., Vettor, R., Pagano, C., Calcagno, A., Beretta, E., Messi, E., Zanisi, M., Martini, L., Motta, M., 1999. Expression of a leptin receptor in immortalized gonadotropin-releasing hormone-secreting neurons. Endocrinology 140, 1581–1585.
Mani, S.K., Allen, J.M., Rettori, V., McCann, S.M., O'Malley, B.W., Clark, J.H., 1994. Nitric oxide mediates sexual behavior in female rats. Proc. Natl. Acad. Sci. USA 91, 6468–6472.
Marin-Bivens, C.L., Olster, D.H., 1997. Abnormal estrous cyclicity and behavioral hyporesponsiveness to ovarian hormones in genetically obese Zucker female rats. Endocrinology 138, 143–148.
McCann, S.M., Mastronardi, C., Walczewska, A., Karanth, S., Rettori, V., Yu, W.H., 1999. The role of nitric oxide in reproduction. Braz. J. Med. Biol. Res. 32, 1367–1379.
Meston, C.M., Moe, I.V., Gorzalka, B.B., 1996. Effects of sympathetic inhibition on receptive, proceptive, and rejection behaviors in the female rat. Physiol. Behav. 59, 537–542.
Paakkari, I., Lindsberg, P., 1995. Nitric oxide in the central nervous system. Ann. Med. 27, 369–377.
Paxinos, G., Watson, C. (Eds.), 2006. The Rat Brain in Stereotaxic Coordinates. Academic Press, Australia.
Prestifilippo, J.P., Fernández-Solari, J., Mohn, C., De Laurentiis, A., McCann, S.M., Dees, W., Rettori, V., 2007. Effect of manganese on luteinizing hormone-releasing hormone secretion in adult male rats. Toxicol. Sci. 97, 75–80.
Quennell, J.H., Mulligan, A.C., Tups, A., Liu, X., Phipps, S.J., Kemp, C.J., Herbison, A.E., Grattan, D.R., Anderson, G.M., 2009. Leptin indirectly regulates gonadotropin-releasing hormone neuronal function. Endocrinology 150, 2805–2812.
Rettori, V., Belova, N., Dees, W.L., Nyberg, C.L., Gimeno, M., McCann, S.M., 1993. Role of nitric oxide in the control of luteinizing hormone-releasing hormone release in vivo and in vitro. Proc. Natl. Acad. Sci. USA 90, 10130–10134.
Reynoso, R., Cardoso, N., Szwarcfarb, B., Carbone, S., Ponzo, O., Moguilevsky, J.A., Scacchi, P., 2007. Nitric oxide synthase inhibition prevents leptin induced Gn-RH release in prepubertal and peripubertal female rats. Exp. Clin. Endocrinol. Diabetes 115, 423–427.
Schneider, J.E., Casper, J.F., Barisich, A., Schoengold, C., Cherry, S., Surico, J., DeBarba, A., Fabris, F., Rabold, E., 2007. Food deprivation and leptin prioritize ingestive and sex behavior without affecting estrous cycles in Syrian hamsters. Horm. Behav. 51, 413–427.
Siegel, S., Castellan, N.J. (Eds.), 1995. Estadística no paramétrica: aplicada a las ciencias de la conducta. Trillas.
Sinha, M.K., 1997. Human leptin: the hormone of adipose tissue. Eur. J. Endocrinol. 136, 461–464.
Sweeney, G., 2002. Leptin signalling. Cell Signal. 14, 655–663.
Turcotte, J.C., Blaustein, J.D., 1993. Immunocytochemical localization of midbrain estrogen receptor- and progestin receptor-containing cells in female guinea pigs. J. Comp. Neurol. 328, 76–87.
Wade, G.N., Lempicki, R.L., Panicker, A.K., Frisbee, R.M., Blaustein, J.D., 1997. Leptin facilitates and inhibits sexual behavior in female hamsters. Am. J. Physiol. Regulatory Integrative Comp. Physiol. 272, 1354–1358.
Warembourg, M., Jolivet, A., Milgrom, E., 1989. Immunohistochemical evidence of the presence of estrogen and progesterone receptors in the same neurons of the guinea pig hypothalamus and preoptic area. Brain Res. 480, 1–15.
Wolf, G., 1997. Neuropeptides responding to leptin. Nutr. Rev. 55, 85–88.
Woller, M., Tessmer, S., Neff, D., Nguema, A.A., Roo, B.V., Waechter-Brulla, D., 2001. Leptin stimulates gonadotropin releasing hormone release from cultured intact hemihypothalami and enzymatically dispersed neurons. Exp. Biol. Med. 226, 591–596.
Yu, W.H., Kimura, M., Walczewska, A., Karanth, S., McCann, S.M., 1997a. Role of leptin in hypothalamic-pituitary function. Proc. Natl. Acad. Sci. USA 94, 1023–1028.
Yu, W.H., Walczewska, A., Karanth, S., McCann, S.M., 1997b. Nitric oxide mediates leptin-induced luteinizing hormone-releasing hormone (LHRH) and LHRH and leptin-induced LH release from the pituitary gland. Endocrinology 138, 5055–5058.

Ms. No.: PBB-D-12-00519R2

Title: Lordosis facilitation by leptin, in ovariectomized estrogen-primed rats, requires simultaneous or sequential activation of several protein kinase pathways.

Corresponding Author: Dr. Oscar González-Flores

Authors: Marcos García-Juárez, Master; Carlos Beyer, Professor; Porfirio Gómora-Arrati, Ph.D; Raymundo Domínguez-Ordoñez, Master; Francisco J Lima-Hernández, Master; José R Eguibar, Ph.D; Yadira L Galicia-Aguas, Biologist; Anne M Etgen, Professor;

Dear oscar,

I am pleased to inform you that your manuscript referenced above has been accepted for publication in

Pharmacology, Biochemistry and Behavior.

Many thanks for submitting your fine paper to this journal. I look forward to receiving additional papers from you in the future.

With kind regards,

George F. Koob, PhD

Editor-in-Chief

Pharmacology, Biochemistry and Behavior

****

Elsevier Editorial System(tm) for Pharmacology, Biochemistry and Behavior
Manuscript Draft

Manuscript Number: PBB-D-12-00519R2

Title: Lordosis facilitation by leptin, in ovariectomized estrogen-primed rats, requires simultaneous or sequential activation of several protein kinase pathways.

Article Type: Research Article

Keywords: Lordosis behavior, leptin, JAK2, MAPK, PKA, PKC, Src.

Corresponding Author: Dr. Oscar González-Flores, Ph.D

Corresponding Author's Institution: Centro de Investigación en Reproducción Animal, Universidad Autónoma de Tlaxcala-CINVESTAV

First Author: Marcos García-Juárez, Master

Order of Authors: Marcos García-Juárez, Master; Carlos Beyer, Professor; Porfirio Gómora-Arrati, Ph.D; Raymundo Domínguez-Ordoñez, Master; Francisco J Lima-Hernández, Master; José R Eguibar, Ph.D; Yadira L Galicia-Aguas, Biologist; Anne M Etgen, Professor; Oscar González-Flores, Ph.D

Abstract: The present study tested the hypothesis that the Janus kinase 2, Src tyrosine kinases and mitogen activated protein kinase interact to regulate lordosis behavior induced by leptin in ovariectomized, estrogen-primed rats. The role of protein kinase A and protein kinase C in lordosis facilitation by leptin was also assessed. In experiment 1, intracerebroventricular administration of leptin to ovariectomized, estradiol-primed rats significantly stimulated lordosis behavior at 1, 2 and 4 hrs post injection tests. In experiment 2, the Janus kinase 2 inhibitor AG490, the Src tyrosine kinase inhibitor PP2, and the mitogen activated protein kinase inhibitor PD98059 were administered into the right lateral ventricle before leptin. The lordosis quotient and the lordosis score induced by leptin were significantly decreased by each of these kinase inhibitors. In experiment 3, we examined the effects of RpcAMPS and bisindolylmaleimide, protein kinase A and protein kinase C inhibitors on the lordosis elicited by leptin administration. Lordosis behavior induced by leptin was significantly decreased by both the protein kinase A and protein kinase C inhibitors at 1 hr post-leptin injection. The results confirm that multiple intracellular pathways participate in the expression of lordosis behavior in estrogen-primed rats elicited by leptin.

Lordosis facilitation by leptin in ovariectomized, estrogen-primed rats requires simultaneous or sequential activation of several protein kinase pathways.

MarcosGarcía-Juárez[a,b], CarlosBeyer[a], PorfirioGómora-Arrati[a], RaymundoDomínguez-Ordoñez[a], Francisco J.Lima-Hernández[a], José R.Eguibar[b], Yadira L.Galicia-Aguas[a], Anne M.Etgen[c], Oscar González-Flores[a,*].

[a]Centro de Investigación en Reproducción Animal. Universidad Autónoma de Tlaxcala-CINVESTAV. Apdo. Postal 62. Tlaxcala, México

[b]Instituto de Fisiología, Benemérita Universidad Autónoma de Puebla, Apdo. Postal 406. Puebla, Pue. C.P. 72000, México

[c]D.P. Purpura Department of Neuroscience F113, Albert Einstein College of Medicine, Bronx, NY 10461, USA

*Corresponding Author:

Tel/Fax: +52 246 46 21727

Email: oglezflo@prodigy.net.mx; oglezflo@gmail.com

Centro de Investigación en Reproducción Animal

Apartado Postal No 62. Tlaxcala, Tlax., c.p. 90000, México.

Abstract

The present study tested the hypothesis that the Janus kinase 2, Src tyrosine kinases and mitogen activated protein kinase interact to regulate lordosis behavior induced by leptin in ovariectomized, estrogen-primed rats. The role of protein kinase A and protein kinase C in lordosis facilitation by leptin was also assessed. In experiment 1, intracerebroventricular administration of leptin to ovariectomized, estradiol-primed rats significantly stimulated lordosis behavior at 1, 2 and 4 hrs post injection tests. In experiment 2, the Janus kinase 2 inhibitor AG490, the Src tyrosine kinase inhibitor PP2, and the mitogen activated protein kinase inhibitor PD98059 were administered into the right lateral ventricle before leptin. The lordosis quotient and the lordosis score induced by leptin were significantly decreased by each of these kinase inhibitors. In experiment 3, we examined the effects of RpcAMPS and bisindolylmaleimide, protein kinase A and protein kinase C inhibitors on the lordosis elicited by leptin administration. Lordosis behavior induced by leptin was significantly decreased by both the protein kinase A and protein kinase C inhibitors at 1 hr post-leptin injection. The results confirm that multiple intracellular pathways participate in the expression of lordosis behavior in estrogen-primed rats elicited by leptin.

Keywords: Lordosis behavior, leptin, JAK2, MAPK, PKA, PKC, Src.

1. Introduction

Female sexual behavior in estrogen-primed rats is triggered by progesterone (P; Etgen, 1984; Beyer et al., 1995; Blaustein, 2003) or by compounds with diverse chemical structures such as monoamines, peptides, prostaglandins and proteins (for review see: Beyer and González-Mariscal, 1986; Beyer et al., 2003; Etgen and Acosta-Martínez, 2003; Mani and Portillo, 2010). Leptin, a hormone produced by fat cells, (Zhang et al., 1994; Friedman and Halaas, 1998) regulates the expression of estrous behavior depending on nutritional conditions. Thus, in hamsters fed *ad libitum*(Fox and Olster, 2000), leptin increases the expression of lordosis behavior, but not in food deprived females (Wade et al., 1997).

The mechanism through which leptin stimulates lordosis behavior is not clear. Some characteristics of the response to leptin differ from those observed in response to P and other agents. Thus, leptin fails to produce proceptive behaviors, and the intensity of the lordosis posture is weak (García-Juárez et al., 2011, 2012). However, the P receptor (PR) is essential for lordosis facilitation by leptin, because this effect is blocked by the administration of the antiprogestin RU486 (García-Juárez et al., 2011). Several results suggest that in this case the PR does not act as a transcription factor but as a cytoplasmic scaffolding protein where it constitutes a protein complex with multiple signaling molecules (Migliaccio et al., 1998; Boonyaratanakornkit and Edwards, 2007; Faivre and Lange, 2007).

Leptin influences neural activity through activation of various signaling systems (Sweeney, 2002; Fruhbeck, 2006): Janus kinase-signal transducer (JAK; Ghilardi and Skoda, 1997; Jiang et al., 2008; Tang, 2008) and protein kinase C (PKC) are two of the most important. JAK is an upstream activator of the Src kinase-mitogen activated protein kinase (MAPK) pathway (Slomiany and Slomiany, 2008; Heida et al., 2010). This system is a common pathway for lordosis facilitation in estrogen-primed rats (González-Flores et al., 2004, 2009, 2010). Thus, Src kinase (González-Flores et al., 2010) and MAPK inhibitors (Etgen and Acosta-Martínez, 2003; González-Flores et al., 2004; Acosta-Martínez et al., 2006) block sexual behavior induced by P or its metabolites, gonadotropin releasing hormone (GnRH), opioids and prostaglandin E2 (Ramírez-Orduña et al., 2007; González-Flores et al., 2009) in ovariectomized (OVX), estrogen-primed rats.

In the present study we hypothesized that the MAPK system takes part in the facilitation of lordosis by leptin through its interaction with the JAK2 associated with the leptin receptor. Therefore, we explored the effect of specific inhibitors of these signaling pathways on lordosis facilitation by leptin. Moreover, because the MAPK system can also be activated through cross-talk with protein kinase A and C, which have been previously found to participate in the facilitation of estrous behavior (Beyer and González-Mariscal, 1986; Kow et al., 1994; González-Flores et al., 2004, 2006, 2009; Ramírez-Orduña et al., 2007), their potential effect in lordosis facilitation by leptin was also tested by using specific inhibitors for these kinases.

2. Material and methods

2.1 Animals and surgeries.

We used a total of 83 Sprague–Dawley female rats (240–280 g body weight), bred in our colony. They were maintained on a 14 hr light /10 hr dark cycle with lights off at 1100 and under controlled temperature (21 ± 2^{0}C). Purina rat chow and water were provided *ad libitum.* Females were bilaterally OVX under ether anesthesia and housed in groups of 4 in acrylic cages. Two weeks after OVX, the females were anesthetized with xylazine (4 mg/kg) and ketamine (80 mg/kg), placed in a Kopf stereotaxic instrument (Tujunga, CA), and implanted with a stainless steel guide cannula (22 gauge, 17 mm; Plastics One, Roanoke, VA) into the right lateral ventricle following coordinates from the atlas of Paxinos and Watson (2006; A/P +0.80 mm, M/L−1.5 mm, D/V −3.5 mm respect to bregma). A stainless steel screw was fixed to the skull, and both cannula and screw were attached to the bone with dental cement. An insert cannula (30gauge) with a cap was introduced into the guide cannula to prevent clogging and contamination. All subjects received antibiotic (penicillin 22000 UI/Kg) and analgesic (lidocaine 5%) for three days after surgery. All procedures followed the Mexican Law for the Protection of Experimental Animals and were approved by the Institutional Animal Care and Use Committee of CINVESTAV.

2.2. Drug administration.

Estradiol benzoate (E_2B) was dissolved in sesame oil to a concentration of 50 µg/ml. Leptin (1 mg; rat recombinant, purity >97%) was initially dissolved in 111 µl of Tris (10 mM, pH 8). From this concentration, dilutions were made to obtain the selected leptin dose of 1 µg/µl. JAK2 inhibitor, AG490 ([(2-cyano-3- (3,4-dihydroxyphenyl)-N- (benzyl)- 2-propenamide; De Vos et al., 2000), the specific inhibitor of Src kinases, PP2 (4-Amino-5-(4-chlorophenyl)-7-(t-butyl)pyrazolo[3,4-d]pyrimidine; Hanke et al., 1996; Li et al., 2006), and MAPK inhibitor, PD98059 (2′-Amino-3′-methoxyflavone; Dudley et al., 1995) were prepared in 10% dimethylsulfoxide (DMSO). Both PKA inhibitor, RpcAMPS (Rp-adenosine 3′,5′-cyclic monophosphothioatetriethylamine) and protein kinase C inhibitor, bisindolylmaleimide (BIS; 2-[1-(3-Aminopropyl)indol-3-yl]-3-(1-methylindol-3-yl) maleimide, Acetate Salt; 3-[1-(3-Aminopropyl)indol-3-yl]-4-(1-methylindol-3-yl)-1Hpyrrole-2,5-dione) were dissolved in saline. All these agents were infused intracerebroventricularly (ICV) in a volume of 1 µl through the guide cannula over 1.5 min. An additional 1.5 min was allowed for drug diffusion before the removal of the infusion needle. Leptin, E_2B, BIS and AG490 were purchased from Sigma-Aldrich (St. Louis, MO); PD98059 and PP2 were purchased from Calbiochem (La Jolla, CA). RpcAMPS was purchased from RBI (Natick, MA). ICV infusion of these agents does not produce overt side effects nor alterations in locomotion, grooming or exploratory behavior (Bevilaqua et al., 2003; Gerdjikov et al., 2004; González-Flores et al 2004; Tronson et al., 2006)

2.3. Experimental procedures.

2.3.1.Experiment 1: Effect of ICV infusion of leptin on female sexual behavior in estrogen-primed rats.

One week after surgery all females received a SC injection of 5 µg of E_2B in 0.1 ml of sesame oil and 1 µg of leptin was ICV administered 40 hr after E_2B. Because experimental drugs were dissolved in two different vehicles (see below), separate control animals were primed with E_2B and infused ICV with physiological saline solution (n=9) or DMSO (n=8) immediately before application of leptin. Additional controls were injected with Tris that was used to dissolve the peptide (n=10). The leptin dose was selected from dose–response curves previously established to induce a LQ of around 70% in *ad libitum* fed rats of our strain. Lordosis behavior was tested at 1, 2 and 4 hr after leptin administration. These testing intervals were used since maximal responses to leptin occur between 2 and 4 hr after infusion (García-Juárez et al., 2011).

2.3.2.Experiment 2: Effect of ICV infusion of AG490, PP2, and PD98059 on lordosis behavior induced by leptin.

One week after surgery, all females received a SC injection of 5 µg of E_2B in 0.1 ml of sesame oil, and 39.5 hr later they were injected with 5 µg of AG490 (n= 9), 30 µg of PP2 (n= 9) or 3 µg of PD98059 (n= 10). Thirty minutes after administration of these drugs, i.e., 40 hr post E_2B, each animal received 1 µg of leptin. The dose of AG490 attenuates the thermal hyperalgesia and mechanical allodynia induced by leptin (Lim et al., 2009). PP2 and PD98059 dosages were selected from previous work in our laboratory, where they significantly reduced estrous behavior induced by ring A reduced progestins and by GnRH and prostaglandin E2 (González-Flores et al., 2006; 2010; Lima-Hernández et al., 2012).

2.3.3. Experiment 3: Effect of ICV infusion of RpcAMPS and bisindolylmaleimide (BIS) on lordosis behavior induced by leptin.

One week after surgery, all females received an injection of 5 µg of E_2B in 0.1 ml of sesame oil, and 39.5 hrs later were injected with 200 ng of RpcAMPS (n= 9) or 35 µg of BIS (n= 10).Thirty minutes after administration of these drugs (40 hr after E_2B) each animal received 1 µg of leptin. The dose of RpcAMPS was selected from previous work (González-Flores et al., 2006; 2010), and the BIS dose was selected from the report of Frye and Walf (2007).

2.4. Testing procedures.

One, 2 and 4 hr after leptin administration, E_2B-primed females were placed in a circular plexiglas arena (53 cm in diameter) with a sexually experienced male until they received 10 vigorous mounts with clear pelvic thrusting. The lordosis quotient [LQ = (number of lordosis/10 mounts)(100)] was used to assess receptive behavior. The intensity of lordosis was quantified according to the lordosis score (LS) of Hardy and DeBold(1972). This scale ranged from 0 to 3 for each individual response and consequently, from 0 to 30 for each female that received 10 mounts. Proceptive behaviors were not evaluated because only a very low and non significant proportion of rats displayed darting, hopping and ear-wiggling following 1 µg of leptin administration.

2.5. Histological confirmation of cannula placement.

After the final test for lordosis the animals were anesthetized with halothane, and 1% methylene blue was administered through the cannula. The brain was removed and sectioned in the transverse plane to check cannula position by looking for dye diffusion through ventricular system. Nine animals whose cannula was not in place were discarded from this study.

2.6. Statistical analysis.

The effect of the different kinase inhibitors on the behavioral action of leptin was assessed by comparing the LQs and LSs obtained with this peptide versus those obtained when the inhibitors were administered. Because the distribution of LQ and LS values in groups were not normal, LQ and LS values were analyzed with a Kruskal-Wallis ANOVA followed by a U Mann–Whitney test. This test was used to compare two independent groups (control and experimental) at the three time intervals tested (Siegel and Castellan, 1995). The probability value accepted as significant was $p<0.05$.

3. Results

3.1. Experiment 1. Leptin facilitation of lordosis behavior.

Figure 1 shows both the LQ (A) and LS (B) obtained 1, 2 and 4 hr after ICV injection of 1 µg of leptin preceded 30 min before by an ICV injection of saline or DMSO. Leptin elicited significant lordosis behavior at the 2 and 4 hr intervals. Indeed, 76 % of the females showed LQs greater than 40 at the three times tested. By contrast, lordosis score values (Fig. 1B) in leptin-treated females were low though significantly higher than those observed in control rats treated with Tris ($p<0.01$).

3.2. Experiment 2. ICV Infusion of JAK2, Src, and MAPK inhibitors reduce leptin facilitated lordosis behavior.

Lordosis behavior induced by leptin was significantly reduced at the three times tested by the previous injection (30 min before leptin) of the three inhibitors employed (Fig. 2A). Maximal inhibition of LQ values was observed at 1 hr after leptin injection with the inhibitor of JAK2 (AG490), the inhibitor of Src (PP2) and the inhibitor of MAPK (PD98059). The magnitude of inhibition started to decrease at 2 hr ($p<0.05$) but values were still significantly lower in the inhibitor groups than those observed with leptin alone during the 2 and 4 hr tests. Inhibition of LS values followed a similar time course to those of LQs (Fig. 2B).

3.3. Experiment 3. Effect of PKA and PKC inhibitors on lordosis behavior induced by leptin.

The ICV administration of RpcAMPS significantly reduced the lordosis response, both LQ and LS, elicited by leptin at 1 and 2 hr ($p<0.01$; Fig. 3A), but at 4 hr there was no significant difference from the controls infused only with leptin (Fig. 3A,B). The protein kinase C inhibitor BIS significantly reduced lordosis behavior only at the 1 hr test ($p<0.05$) after leptin administration. Afterwards, no significant differences were observed in either LQ or LS values between leptin and leptin plus the protein kinase C inhibitor.

4. Discussion

Our findings show that several possible interconnected signaling systems are involved in the facilitation of lordosis behavior by leptin in estrogen primed-rats. Thus, the administration of the JAK2 inhibitor, AG490, significantly reduced lordosis behavior elicited by leptin. As shown in Figure 4A, activation of JAK2 by binding of leptin to its long leptin receptor mediates the recruitment of other molecules involved in signal transduction including the Src-MAPK system (Wu et al., 2011). This signaling pathway has been found to participate in the expression of estrous behavior in estrogen-primed rats treated with a variety of agents (progestins, peptides, prostaglandins; Etgen and Acosta-Martínez, 2003; González-Flores et al., 2004). Our present results showing that both Src and MAPK kinase blockers decreased the effect of leptin on lordosis behavior support the role of the JAK2-Src-MAPK system as a common complex pathway for the facilitation of estrous behavior in estrogen-primed rats.

As shown in Figure 4, leptin can also directly stimulate the Src-MAPK pathway by acting on the long form of the leptin receptor, which is present in many hypothalamic neurons (for reviews see Schwartz et al., 1996; Woods and Stock, 1996; Mantzoros, 1999; Sahu, 2003; Leinninger et al., 2009). Moreover, leptin can also directly stimulate protein kinase C or indirectly act through JAK2-phosphoinositide 3 kinase activation (PI3K; Sahu, 2003, 2011). Our results show that the protein kinase A pathway is also required for lordosis facilitation by leptin, in that RpcAMPS blocked lordosis behavior induced by the peptide. Direct stimulation of the protein kinase A pathway by leptin is unlikely, because this peptide decreases cAMP levels and antagonizes its elevation in several cells including neurons (Zhao et al., 2002).

The inhibition of lordosis behavior by kinase inhibitors cannot be explained as the result of non-specific alterations induced by the drugs, because no overt motor changes were noted in our animals within the 4 hr period of observation. Several preliminary studies by our group and others using these inhibitors have revealed that it does not produce locomotor deficits or induce a state of malaise, which could confound interpretation of the results. Bevilaqua et al. (2003) indeed found that PP2 (Src tyrosine kinase inhibitor) did not affect locomotor/exploratory activity or anxiety state tested using an open field and the plus-maze. Tronson et al. (2006) reported that locomotion did not differ between animals treated with Rp-cAMPS (PKA inhibitor) and controls. Similarly, our group and others have found that ICV administration of PD98059 (MAPK inhibitor) alone did not produce changes in locomotor activity (González-Flores et al., 2004; Gerdjikov et al., 2004).

As shown in Figure 4B, leptin can increase cAMP by indirect pathways. One of these pathways incorporates GnRH secreting neurons. Thus, administration of antide, a GnRH antagonist, interferes with the facilitatory effect of leptin on lordosis behavior in OVX, E_2B-treated rats (Gómora-Arrati et al., 2008). This interpretation is consistent with the finding that leptin stimulates the release of GnRH from hypothalamic explants (Yu et al., 1997a; 1997b; Watanobe, 2002), albeit indirectly through kisspeptinergic neurons possessing leptin receptors (Hakansson et al., 1998; Quennell et al., 2009). GnRH acts at a membrane receptor, the GnRH-1 subtype, to trigger the cAMP-protein kinase A signaling cascade (Gómora-Arrati et al., 2008; Garrel et al., 2010; Krsmanovic et al., 2010; Cohen-Tannoudji et al., 2012) that is known to facilitate estrous behavior in estrogen-primed rats (Beyer and González-Mariscal, 1986; Mani et al., 2000; Beyer et al., 2003; Mani et al., 2006; Petralia and Frye, 2006).

It is well established that active cross-talk between MAPK, cAMP-protein kinase A, PI3K and protein kinase C occurs in neurons. Each of these systems may participate in lordosis facilitation by activating a distinct process or gene. Alternatively, they may converge onto a single signaling system such as MAPK to activate the transcriptional (genomic) and non-transcriptional (non-genomic) processes essential for the expression of lordosis behavior. Results in other tissues such as white adipocytes support this last idea, in that leptin-induced nitric oxide production is mediated through MAPK and protein kinase A activation (Mehebik et al., 2005).

Our present results show that the stimulation of lordosis behavior in estrogen-primed rats by leptin requires the simultaneous or sequential activation of several signaling pathways, most likely converging in hypothalamic neurons having PR. The mechanism through which the PR participates in the facilitation of lordosis by leptin is unclear. Yet in some cells, activation of the Src-MAPK pathway depends on the interaction of this signaling pathway with a cytoplasmic PR-estrogen receptor dimer (Migliaccio et al., 1998; Ballare et al., 2003; Edwards, 2005; Boonyaratanakornkit and Edwards, 2007).The possibility that leptin activated lordosis through this trimer, i.e., PR-estrogen receptor-Src, should be explored.

Acknowledgments

The authors gratefully acknowledge the technical assistance of Guadalupe Domínguez-López. This work was supported by CONACYT/134291. García-Juárez is a fellowship from CONACYT No. 273360. This work is part of the thesis of M. García-Juárez in partial fulfillment of requirements for a PhD degree in Physiological Sciences, at the Benemérita Universidad Autónoma of Puebla.

5. References.

Acosta-Martínez M, González-Flores O, Etgen AM. The role of progestin receptors and the mitogen-activated protein kinase pathway in delta opioid receptor facilitation of female reproductive behaviors.Horm Behav 2006; 49:458-62.

Ballare C, Uhrig M, Bechtold T, Sancho E, Di Domenico M, Migliaccio A, et al. Two domains of the progesterone receptor interact with the estrogen receptor and are required for progesterone activation of the c-Src/Erk pathway in mammalian cells. Mol Cell Biol 2003; 23:1994-2008.

Bevilaqua LR, Rossato JI, Medina JH, Izquierdo I, Cammarota M. Src kinase activity is required for avoidance memory formation and recall. Behav Pharmacol 2003;14:649-52.

Beyer C, González-Flores O, García-Juárez M, González-Mariscal G. Non-ligand activation of estrous behavior in rodents: cross-talk at the progesterone receptor. Scand J Psychol 2003; 44:221-9.

Beyer C, González-Flores O, González-Mariscal G. Ring A reduced progestins potently stimulate estrous behavior in rats: paradoxical effect through the progesterone receptor. Physiol Behav 1995; 58:985-93.

Beyer C, González-Mariscal G. Elevation in hypothalamic cyclic AMP as a common factor in the facilitation of lordosis in rodents: a working hypothesis. Ann NY Acad Sci 1986; 474:270-81.

Blaustein JD. Progestin receptors: neuronal integrators of hormonal and environmental stimulation. Ann NY Acad Sci 2003; 1007:238-50.

Boonyaratanakornkit V, Edwards DA. Receptor mechanisms mediating non-genomic actions of sex steroids. Semin Reprod Med 2007; 25:139-53.

Cohen-Tannoudji J, Avet C, Garrel G, Counis R, Simon V. Decoding high Gonadotropin-releasing hormone pulsatility: a role for GnRH receptor coupling to the cAMP pathway? Front Endocrinol (Lausanne) 2012; 3:107.

De Vos J, Jourdan M, Tarte K, Jasmin C, Klein B. JAK2 tyrosine kinase inhibitor tyrphostin AG490 down regulates the mitogen-activated protein kinase (MAPK) and signal transducer and activator of transcription (STAT) pathways and induces apoptosis in myeloma cells. Br J Haematol 2000; 109:823-8.

Dudley DT, Pang L, Decker SJ, Bridges AJ, Saltiel AR. A synthetic inhibitor of the mitogen-activated protein kinase cascade . Proc Natl Acad Sci USA 1995; 92:7686-9.

Edwards DP. Regulation of signal transduction pathways by estrogen and progesterone. Annu Rev Physiol 2005; 67:335-76.

Etgen AM. Progestin receptor and the activation of female reproductive behavior: a critical review. Horm Behav 1984; 18:411-30.

Etgen AM, Acosta-Martínez M. Participation of growth factor signal transduction pathways in estradiol-facilitation of female reproductive behavior. Endocrinology 2003; 144:3828-35.

Faivre EJ, Lange CA. Progesterone receptors upregulate Wnt-1 to induce epidermal growth factor receptor transactivation and c-Src-dependent sustained activation of Erk1/2 mitogen-activated protein kinase in breast cancer cells. Mol Cell Biol 2007; 27:466-80.

Fox AS, Olster DH. Effects of intracerebroventricular leptin administration on feeding and sexual behaviors in lean and obese female Zucker rats. Horm Behav 2000; 37:377-87.

Friedman JM, Halaas JL. Leptin and the regulation of body weight in mammals. Nature 1998; 395:763-70.

Fruhbeck G. Intracellular signalling pathways activated by leptin. Biochem J 2006; 393:7-20.

Frye CA, Walf AA. In the ventral tegmental area, the membrane-mediated actions of progestins for lordosis of hormone-primed hamsters involve phospholipase C and protein kinase C. J Neuroendocrinol 2007; 19:717-24.

García-Juárez M, Beyer C, Gómora-Arrati P, Lima-Hernández FJ, Domínguez-Ordoñez R, Eguibar JR,et al.,. The nitric oxide pathway participates in lordosis behavior induced by central administration of leptin. Neuropeptides 2012; 46:49-53.

García-Juárez M, Beyer C, Soto-Sánchez A, Domínguez-Ordoñez R, Gómora-Arrati P, Lima-Hernández FJ, et al. Leptin facilitates lordosis behavior through GnRH-1 and progestin receptors in estrogen-primed rats. Neuropeptides 2011; 45:63-7.

Garrel G, Simon V, Thieulant ML, Cayla X, Garcia A, Counis R, et al. Sustained gonadotropin-releasing hormone stimulation mobilizes the cAMP/PKA pathway to induce nitric oxide synthase type 1 expression in rat pituitary cells in vitro and in vivo at proestrus. Biol Reprod 2010; 82:1170-9.

Gerdjikov TV, Ross GM, Beninger RJ. Place preference induced by nucleus accumbens amphetamine is impaired by antagonists of ERK or p38 MAP kinases in rats. Behav Neurosci 2004;118:740-50.

Ghilardi N, Skoda RC. The leptin receptor activates janus kinase 2 and signals for proliferation in a factor-dependent cell line. Mol Endocrinol 1997; 11:393-9.

Gómora-Arrati P, Beyer C, Lima-Hernández FJ, Gracia ME, Etgen AM, González-Flores O. GnRH mediates estrous behavior induced by ring A reduced progestins and vaginocervical stimulation. Behav Brain Res 2008; 187:1-8.

González-Flores O, Beyer C, Gómora-Arrati P, García-Juárez M, Lima-Hernández FJ, Soto-Sánchez A, et al. A role for Src kinase in progestin facilitation of estrous behavior in estradiol-primed female rats. Horm Behav2010; 58:223-9.

González-Flores O, Gómora-Arrati P, García-Juárez M, Gómez-Camarillo MA, Lima-Hernández FJ, Beyer C, et al. Nitric oxide and ERK/MAPK mediation of estrous behavior induced by GnRH, PGE_2 and db-cAMP in rats. Physiol Behav 2009; 96:606-12.

González-Flores O, Ramírez-Orduña JM, Lima-Hernández FJ, García-Juárez M, Beyer C. Differential effect of kinase A and C blockers on lordosis facilitation by progesterone and its metabolites in ovariectomized estrogen-primed rats. Horm Behav 2006; 49:398-404.

González-Flores O, Shu J, Camacho-Arroyo I, Etgen AM. Regulation of lordosis by cyclic 3',5'-guanosine monophosphate, progesterone, and its 5alpha-reduced metabolites involves mitogen-activated protein kinase. Endocrinology 2004; 145:5560-7.

Hakansson ML, Brown H, Ghilardi N, Skoda RC, Meister B. Leptin receptor immunoreactivity in chemically defined target neurons of the hypothalamus. J Neurosci 1998; 18:559-72.

Hanke JH, Gardner JP, Dow RL, Changelian PS, Brissette WH, Weringer EJ, et al. Discovery of a novel, potent, and Src family-selective tyrosine kinase inhibitor. Study of Lck- and FynT-dependent T cell activation. J Biol Chem 1996; 271:695-701.

Hardy DF, DeBold JF. The relationship between levels of exogenous hormones and the display of lordosis by the female rat. Horm Behav 1972; 2:287-97.

Heida NM, Leifheit-Nestler M, Schroeter MR, Muller JP, Cheng IF, Henkel S, et al. Leptin enhances the potency of circulating angiogenic cells via src kinase and integrin (alpha) vbeta5: implications for angiogenesis in human obesity. Arterioscler Thromb Vasc Biol 2010; 30:200-6.

Jiang L, Li Z, Rui L. Leptin stimulates both JAK2-dependent and JAK2-independent signaling pathways. J Biol Chem 2008; 283:28066-73.

Kow L-M, Brown HE, Pfaff DW. Activation of protein kinase C in the hypothalamic ventromedial nucleus or the midbrain central gray facilitates lordosis. Brain Res 1994; 660:241-8.

Krsmanovic LZ, Hu L, Leung PK, Feng H, Catt KJ. Pulsatile GnRH secretion: roles of G protein-coupled receptors, second messengers and ion channels. Mol Cell Endocrinol 2010; 27:158-63.

Leinninger GM, Jo YH, Leshan RL, Louis GW, Yang H, Barrera JG, et al. Leptin acts via leptin receptor-expressing lateral hypothalamic neurons to modulate the mesolimbic dopamine system and suppress feeding. Cell Metab 2009; 10:89-98.

Li Z, Hosoi Y, Cai K, Tanno Y, Matsumoto Y, Enomoto A, et al. Src tyrosine kinase inhibitor PP2 suppresses ERK1/2 activation and epidermal growth factor receptor transactivation by X-irradiation. Biochem Biophys Res Commun 2006; 341:363-8.

Lim G, Wang S, Zhang Y, Tian Y, Mao J. Spinal leptin contributes to the pathogenesis of neuropathic pain in rodents. J Clin Invest 2009; 119:295-304.

Lima-Hernández FJ, Beyer C, Gómora-Arrati P, García-Juárez M, Encarnación-Sánchez JL, Etgen AM, et al. Src kinase signaling mediates estrous behavior induced by 5β-reduced progestins, GnRH, prostaglandin E2 and vaginocervical stimulation in estrogen-primed rats. Horm Behav 2012; 62:579-84.

Mani S, Portillo W. Activation of progestin receptors in female reproductive behavior: Interactions with neurotransmitters. Front Neuroendocrinol 2010; 31:157-71.

Mani SK, Fienberg AA, O'Callaghan JP, Snyder GL, Allen PB, Dash P, et al. Requirement for DARPP-32 in progesterone -facilitated sexual receptivity in female rats and mice. Science 2000; 287:1053-6.

Mani SK, Reyna AM, Chen JZ, Mulac-Jericevic B, Conneely OM. Differential response of progesterone receptor isoforms in hormone-dependent and -independent faciliation of female sexual receptivity. Mol Endocrinol 2006; 20:1322-32.

Mantzoros CS. Leptin and the hypothalamus: neuroendocrine regulation of food intake. Mol Psychiatry 1999; 4:8-12.

Mehebik N, Jaubert AM, Sabourault D, Giudicelli Y, Ribiere C. Leptin-induced nitric oxide production in white adipocytes is mediated through PKA and MAP kinase activation. Am J Physiol Cell Physiol 2005; 289:C379-87.

Migliaccio A, Piccolo D, Castoria G, Di Domenico M, Bilancio A, Lombardi M, et al. Activation of the Src/p21ras/Erk pathway by progesterone receptor via cross-talk with estrogen receptor. Embo J 1998; 17:2008-18.

Paxinos G, Watson C. The Rat Brain in Stereotaxic Coordinates. 6th ed. Australia: Academic Press; 2006.

Petralia SM, Frye CA. In the ventral tegmental area, G-proteins mediate progesterone's actions at dopamine type 1 receptors for lordosis of rats and hamsters. Psychopharmacology (Berl) 2006; 186:133-42.

Quennell JH, Mulligan AC, TupsA, Liu X, Phipps SJ, Kemp CJ, et al. Leptin indirectly regulates gonadotropin-releasing hormone neuronal function. Endocrinology 2009; 150:2805-12.

Ramírez-Orduña JM, Lima-Hernández FJ, García-Juárez M, González-Flores O, Beyer C. Lordosis facilitation by LHRH, PGE2 or db-cAMP requires activation of the kinase A pathway in estrogen primed rats. Pharmacol Bichem Behav 2007; 86:169-75.

Sahu A. Intracellular leptin-signaling pathways in hypothalamic neurons: the emerging role of phosphatidylinositol-3 kinase-phosphodiesterase-3B-cAMP pathway. Neuroendocrinology 2011; 93:201-10.

Sahu A. Leptin signaling in the hypothalamus: emphasis on energy homeostasis and leptin resistance. Front Neuroendocrinol 2003; 24:225-53.

Schwartz MW, Seeley RJ, Campfield LA, Burn P, Baskin DG. Identification of targets of leptin action in rat hypothalamus. J Clin Invest 1996; 98:1101-6.

Siegel S, Castellan NJ. Estadística no paramétrica: aplicada a las ciencias de la conducta. 4a ed. México: Trillas; 1995.

Slomiany BL, Slomiany A. Src kinase-mediated parallel activation of prostaglandin and constitutive nitric oxide synthase pathways in leptin protection of gastric mucosa against ethanol cytotoxicity. J Physiol Pharmacol 2008; 59:301-14.

Sweeney G. Leptinsignalling. Cell Signal 2002; 14:655-63.

Tang BL. Leptin as a neuroprotective agent. Biochem Biophys Res Commun 2008; 368:181-5.

Tronson NC, Wiseman SL, Olausson P, Taylor JR. Bidirectional behavioral plasticity of memory reconsolidation depends on amygdalar protein kinase A. Nat Neurosci2006; 9:167-9.

Wade GN, Lempicki RL, Panicker AK, Frisbee RM, Blaustein JD. Leptin facilitates and inhibits sexual behavior in female hamsters. Am J Physiol Regulatory Integrative Comp Physiol 1997; 272:1354-8.

Watanobe H. Leptin directly acts within the hypothalamus to stimulate gonadotropin-releasing hormone secretion in vivo in rats. J Physiol 2002; 545:255-68.

Woods AJ, Stock MJ. Leptin activation in hypothalamus. Nature 1996; 381:745.

Wu S, Divall S, Hoffman GE, Le WW, Wagner KU, Wolfe A. Jak2 is necessary for neuroendocrine control of female reproduction. J Neurosci 2011; 31:184-92.

Yu WH, Kimura M, Walczewska A, Karanth S, McCann SM. Role of leptin in hypothalamic-pituitary function. Proc Natl Acad Sci USA 1997a; 94:1023-8.

Yu WH, Walczewska A, Karanth S, McCann SM. Nitric oxide mediates leptin-induced luteinizing hormone-releasing hormone (LHRH) and LHRH and leptin-induced LH release from the pituitary gland. Endocrinology 1997b; 138:5055-8.

Zhang Y, Proenca R, Maffei M, Barone M, Leopold L, Friedman JM. Positional cloning of the mouse obese gene and its human homologue. Nature 1994; 372:425-32.

Zhao AZ, Huan JN, Gupta S, Pal R, Sahu A. A phosphatidylinositol 3-kinase phosphodiesterase 3B-cyclic AMP pathway in hypothalamic action of leptin on feeding. Nat Neurosci 2002; 5:727-8.

Figure legends

Fig. 1. Effect of the ICV injection of saline (n=9) or DMSO (n=8) combined with 1 µg of leptinand Tristo ovariectomized (OVX), E_2B-primed rats on: lordosis quotient (LQ; A) and lordosis score (LS; B). Because neither solvent affected lordosis behavior, the data were combined as a single control group. Females were tested at 1, 2, and 4 hr after injection of leptin or vehicle (Tris, n=10). **$p < 0.01$ vsTris.

Fig. 2.The facilitation of LQ (A) and LS (B) in OVX,E_2B-primed rats produced by leptin is antagonized by ICV infusion of the JAK2 inhibitor AG490 (5 µg; n= 9), Src inhibitor PP2 (30 µg, n= 9) or the MAPK inhibitor, PD98059 (3 µg, n= 10). Drugs and DMSO were infused into the right lateral ventricle 30 min before application of leptin. Females rats treated with DMSO plus leptin (n=8) were the same used in Experiment 1 combined with 9 females that received saline plus leptin (total n=17). *$p <0.05$;**$p < 0.01$; ***$p< 0.001$VS corresponding group receiving DMSO + leptin.

Fig. 3.The facilitation of LQ (A) and LS (B) in OVX,E_2B-primed rats produced by leptin is antagonized by ICV infusion of the protein kinase A inhibitor RpcAMPS (200 ng; n=9), and the protein kinase C inhibitor, bisindolilmaleimide (BIS; 35 µg; n= 10). Drugs and saline were infused into the right lateral ventricle 30 min before application of leptin. Females rats treated with saline plus leptin (n=9) were the same used in the Experiment 1 combined with 8 females that received DMSO plus leptin (total n=17). *$p < 0.05$; **$p < 0.01$ VS corresponding group receiving saline + leptin.

Fig. 4. Direct (A) and indirect effects (B) of leptin potentially involved in lordosis facilitation in OVX, estrogen-primed rats. A direct activation of the long leptin receptor directly activates JAK2 system that in turn stimulates the Src-MAPK pathway to facilitate lordosis or indirectly, though PI3K the protein kinase C (PKC) system that has been reported to be involved in lordosis facilitation either directly or through activation of the MAPK system. As shown in the figure, specific inhibitors of all these system interfere with the behavioral action of leptin. A potential indirect effect of leptin is depicted in panel B. In this case, leptin releases GnRH through activation of kisspeptinergic neurons. GnRH, in turn, would activate the cAMP-protein kinase A (PKA) pathway, which has been shown to activate lordosis behavior in OVX, estrogen-primed rats. The effect of PKA could be direct at the genome or mediated by MAPK.

Figure 1

Tris
DMSO + Leptin
Saline + Leptin
A
B
Lordosis quotient (mean ± s.e.)
Lordosis score (mean ± s.e.)
Time (Hours)

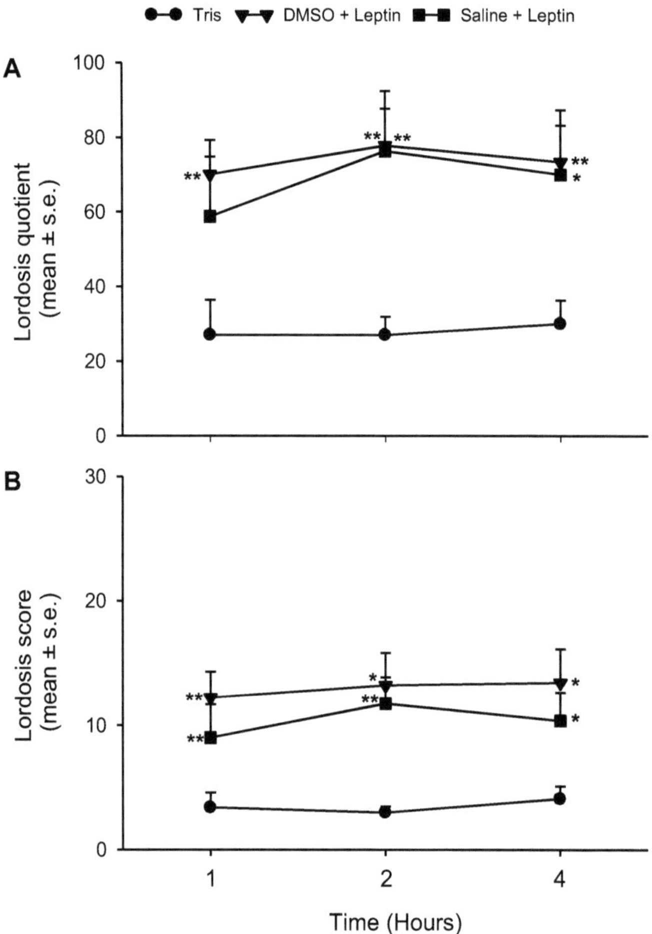

Figure 2

DMSO + Leptin
AG490 + Leptin
PP2 + Leptin
PD98059 + Leptin
A
Lordosis Quotient (mean ± s.e.)
100
80
60
40
20
0
*
*
**
**
***
B
Lordosis Score (mean ± s.e.)
30
20
10
0
*
*
**
**
***
*
*
*
1
2
4
Time (Hours)

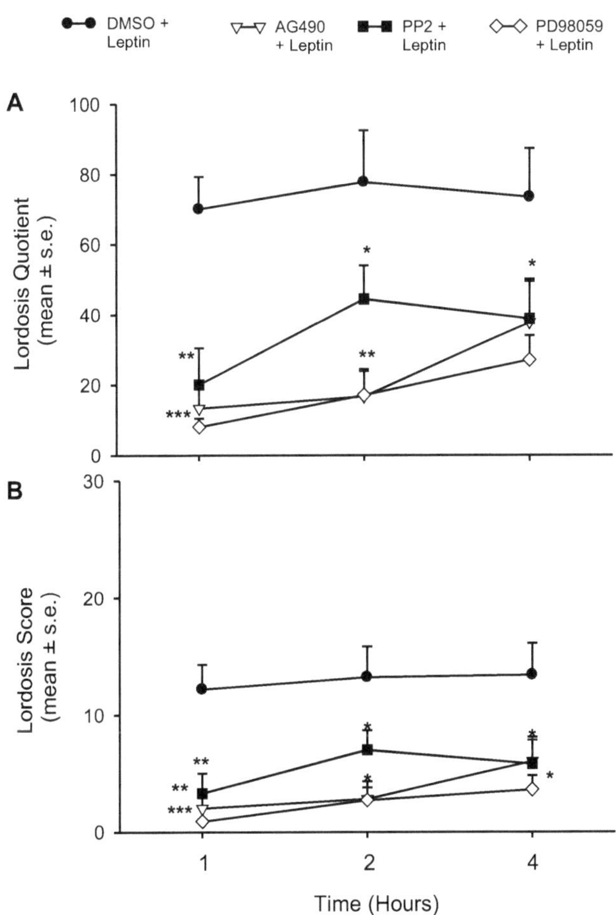

Figure 3

Saline + Leptin
RpcAMPS + Leptin
BIS + Leptin
A
Lordosis Quotient (mean ± s.e.)
100
80
60
40
20
0
*
**
**
B
Lordosis Score (mean ± s.e.)
30
20
10
0
**
**
1
2
4
Time (Hours)

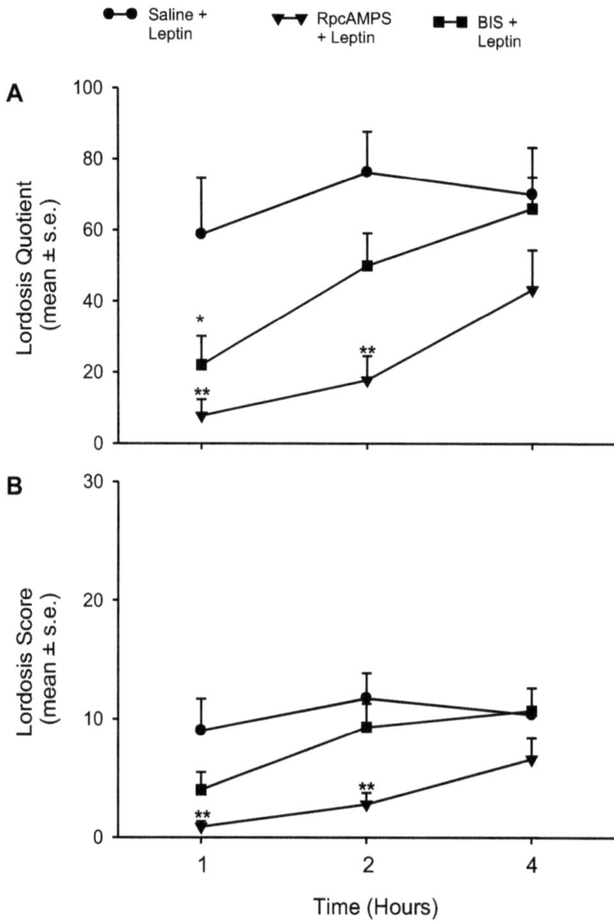

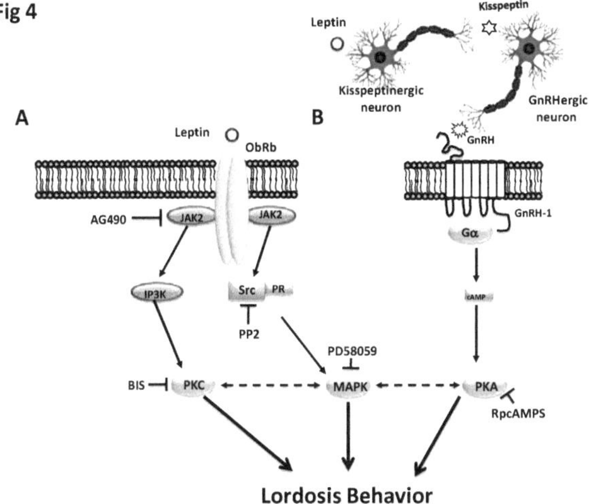

Fig 4
Leptin
Kisspeptin
Kisspeptinergic neuron
GnRHergic neuron
A
Leptin
ObRb
B
GnRH
GnRH-1
AG490
JAK2
JAK2
Gα
IP3K
Src
PR
cAMP
PP2
PD58059
BIS
PKC
MAPK
PKA
RpcAMPS
Lordosis Behavior

Printed by Books on Demand GmbH, Norderstedt / Germany